Christiane Schnepper

Impulskontrolle für Treib- und Hütehunde

Für mehr Gelassenheit im Alltag

Ulmer

65 Übung macht den Meister

87 Wenn der Hund in den Brunnen gefallen ist

Ein bisschen Training vorab

Typisch Hütehund?

Lebt in Ihrer Familie ein Hüte- oder Treibhund oder planen Sie, einen aufzunehmen? Dann sind die Aufgaben und Übungen dieses Buches genau die richtige Herausforderung für Sie!

Ausgewogenheit

Sind Sie abenteuerlustig und lieben es, jede Herausforderung in Angriff zu nehmen? Begeistern Sie sich für lange Wanderungen, Fahrradfahren oder andere aktive Freizeitbeschäftigungen? Warum nicht den ganzen Spaß mit einem treuen Freund an der Seite erleben: Ein Hüte- oder Treibhund ist dabei ein idealer Begleiter! Aber auch ein Abenteurer benötigt Erholung, denn ansonsten kommt er von einem Ausflug ins Grüne gestresster zurück als er es vorher war. Mit vielen Tipps und Tricks wird Ihnen in diesem Buch nähergebracht, wie Sie den Alltag mit Ihrem Vierbeiner entspannt genießen können. Gerade für diese agilen Hunde ist eine körperliche und geistige Ausgeglichenheit von enormer Bedeutung.

Gemeinsam lernen

Viele Hüte- und Treibhunde haben einen deutlichen Hang zu impulsivem Verhalten. Durch ihre frühere Selektion nach ausdauernden und intelligent arbeitenden Arbeitshunden stellen Sie teilweise große Anforderungen an die Familie. Dieses Buch möchte Ihnen die Ursachen für impulsives Verhalten näherbringen. Ziel ist es, den unkontrollierten Hund hinter sich zu lassen und stattdessen einen völlig gelassenen Hund zu haben, der Sie überallhin begleiten darf.

Bellt Ihr Hund wie verrückt, umkreist spielende Kinder oder jagt Autos? Geben Sie nicht Ihrem Hund die Schuld für sein Verhalten. Sagen Sie sich, dass er dafür nichts kann. Haben Sie den Mut und die Geduld, ihm die Welt aus Ihren Augen zu erklären und helfen Sie ihm, sich im Alltag besser zurecht zu finden! Nur gemeinsam können Sie diesen Weg gehen und das große Ziel – einen entspannten Alltag – erreichen.

Ist Ihr Hund noch jung und unbedarft? Nutzen Sie diese schöne Zeit und bereiten Sie ihn auf das Leben vor. Bringen Sie ihm bereits jetzt bei, was er alles zu lernen hat: Man kann nie früh genug anfangen, sich auf das Leben vorzubereiten.

So hilft dieses Buch

Das Buch ist in vier große Kapitel unterteilt. Ich empfehle Ihnen, zunächst das erste Kapitel zu lesen, bevor Sie zu den weiteren wechseln. Darin finden Sie Informationen zum impulsiven Verhalten, einen Überblick über einige Hüte- und Treibhunderassen sowie typische Vertreter anderer Rassen, die auch zu einer erhöhten Erregung neigen. Dazu gibt es allgemeine Tipps und Tricks für das Training mit dem Hund.

Das zweite Kapitel handelt von der Basis für ein gutes Zusammenleben. Die Wichtigkeit von Ruhe und Gelassenheit, Auslastung und Ausgleich, Struktur im Alltag und dem Bindungsaufbau werden näher gebracht. Werden diese vier Bereiche im Zusammenleben mit dem Hund beachtet, treten die meisten Schwierigkeiten gar nicht erst auf.

Im dritten Kapitel wird die Zusammenarbeit zwischen Hund und Mensch perfektioniert. Die Grundkommandos werden erklärt und deren Vorteile im Zusammenleben mit dem Hund aufgeführt.

Das vierte Kapitel beschäftigt sich mit konkreten Hilfestellungen, wenn es bereits Probleme in den unterschiedlichsten Bereichen gibt. Ziel ist hierbei zunächst das problematische Verhalten zu stoppen und anschließend dauerhaft ein alternatives Verhalten aufzubauen.

Ein Border Collie bei der Arbeit, wozu er einst gezüchtet worden ist.

Impulsivität

„Ist mein Hund noch normal?“ Das scheinbar merkwürdige Verhalten mancher Hüte- oder Treibhunde bringt deren Halter nicht selten dazu, sich diese Frage zu stellen.

Ein Morgen mit Jerry

Ein Kratzen an der Schlafzimmertür, gefolgt von einem Sprung ins Bett. Als nächstes spürt Frauchen ein Schlecken über das Gesicht. Ein deutliches Indiz, dass draußen die Sonne aufgegangen ist. Dieser großen Wiedersehensfreude von Hund Jerry kann sich Frauchen nur mit dem Aufstehen aus dem Bett entgegensetzen. Wildes Anspringen, Umherlaufen zwischen Haustür und Frauchen, verbun-

Statt Kuh hat sich Bounty die Mülltonne als Treib-Ersatz ausgesucht.

den mit aufgeregtem Winseln, drücken die Freude für den nahenden Morgenspaziergang aus. Endlich hat Frauchen die Zähne geputzt und Jerry angeleint. Der Müdigkeit zum Trotz wird sie von Jerry entlang der täglichen Spaziergangsrunde gezerrt. Während Frauchen bereits völlig erschöpft den Tag beginnt, läuft Jerry geradezu auf Hochtouren. In der Hoffnung auf einen entspannten Vormittag, an welchem Jerry in seinem Kissen schläft, leint Frauchen diesen ab. Sofort prescht er ein paar hundert Meter voraus, taucht immer wieder hüpfend hinter den Bäumen auf und bellt währenddessen alles an, was sich bewegt. Spätestens jetzt kommt der Moment, in welchem sein Frauchen denkt: „Ist mein Hund eigentlich noch normal?".

Was ist normal?

Die Frage nach Normalität ist Ansichtssache. Doch ein entspannter Alltag sieht ganz klar anders aus. Trotzdem ist Jerry kein Einzelfall. Oft wird zusätzlich vom Verbellen von Menschen, aggressivem Verhalten und dem Jagen von Vögeln, Joggern und Autos berichtet.

Denken Sie immer daran, dass Ihr Hund sich nicht absichtlich anstrengend und nervig verhält. Er hat gegebenenfalls noch nicht gelernt, wie er sich im Sinne des Menschen verhalten soll. Es ist daher die Aufgabe seines Frauchens, ihm dies zu erklären.

Störung der Impulskontrolle

Unter einer Störung der Impulskontrolle versteht man das Leiden des Hundes durch einen unangenehmen Spannungszustand, welcher durch impulsives Verhalten aufzulösen versucht wird. Impulsives Verhalten wird im Allgemeinen dranghaft und automatisch ausgeführt. Zwar wird es bewusst vom Hund wahrgenommen, kann aber nicht bis nur schwer von ihm willentlich verhindert werden.

Hauptziel ist daher, den Spannungszustand des Hundes zu minimieren, sodass die vollständige Kontrolle des Hundes über Körper und Geist wiederhergestellt wird. Wichtig ist, dass der Hundehalter das Verhalten seines Hundes nicht persönlich nimmt und nicht wütend darauf reagiert. Denn dadurch verschlimmert er nur den Spannungszustand des Hundes.

Wichtig

Weniger ist manchmal mehr ...

Versuchen Sie, die Situationen möglichst reizarm zu gestalten. Ist Ihr Hund einmal angespannt, ist es schwieriger ihn wieder in eine neutralere Haltung zu bewegen. Steigern Sie mit der Zeit die Vielzahl und Intensität von Reizen.

Vom Trieb zum Antrieb

Plötzlich rennt Australien Shepherd Peppi wie von der Tarantel gestochen los und flitzt aufgedreht durch den Garten. Da bleibt nur abzuwarten, bis der Spuk vorbei ist.

Impuls und Kontrolle

Wem sind die „dollen fünf Minuten" kein Begriff? Mit Sicherheit hat sie jeder schon einige Male bei seinem eigenen Hund erlebt. In dieser Zeit verhält sich der Hund wie verrückt und Sie können nicht erahnen, was ihm in den nächsten Sekunden in den Sinn kommt.

Genauso unvorhersehbar wie das Verhalten bei den verrückten fünf Minuten ist es, wenn Ihr Hund in den verschiedensten Situationen impulsiv reagiert. Damit ein Training der Impulskontrolle gestartet werden kann, ist es wichtig, zunächst die Reizschwelle herauszufinden, in welcher Ihr Hund sich noch beherrschen kann und seinen Impuls unter Kontrolle hat.

Der wichtige Unterschied

Ein häufiger Fehler im Training mit aktiven Hunden ist die Verwechslung von Erregung und Antrieb. Unter dem Antrieb versteht man zunächst den primären Trieb zu arbeiten. Bei den Hüte- und Treibhunden ist es das Hüten und Treiben von Vieh und, je nach erweiterten Aufgabenbereich auch das Bewachen des Hofes. Im Gegensatz zu heute hatten die Hunde früher die Möglichkeit, ihren Antrieb zu befriedigen.

Im Kontrast zum Antrieb steht die Erregung, welche mit Nervosität und Aufgeregtheit verbunden ist. Hunde, welche erregt sind, haben ihre Reizschwelle bereits überschritten. Sie können nicht mehr klar denken und machen Fehler bei ihrer Arbeit.

Falsche Annahme

Viele Hundesportler sind überzeugt, dass sie einen Hund mit einer hohen Erregungslage benötigen, um gute Platzierungen auf Turnieren zu belegen. Dies ist jedoch ein weit verbreiteter und fataler Irrtum. Bei einer hohen Erregungslage können Hunde nämlich nicht klar denken. Sie handeln impulsiv und ihre Leistungsfähigkeit ist daher stark eingeschränkt. Einen guten Hund im Hundesport erkennen Sie daran, dass er sich entspannen kann, wenn er gerade nicht arbeiten soll und auf den Punkt konzentriert ist, wenn er seinen Job erfüllt.

Peppi ist die Ruhe selbst.

Ursprüngliches Verhalten

Erregung ist daher ein Verhalten, das Sie bei Ihrem Hund nie fördern sollten. Sonst dreht er nur unnötig auf und ist schwerer zu kontrollieren, da er selbst seinen Geist und auch seinen Körper nicht mehr unter Kontrolle hat.

Hunde kehren bei der Überschreitung ihrer Reizschwelle zu ihren typischen Verhaltensweisen zurück. Sie reagieren impulsiv und agieren entsprechend dem Verhalten, wozu sie einst gezüchtet wurden. Aus diesen Gründen ist es wichtig zu wissen, welche Aufgaben diese Hunderasse früher hatte. Nur dann wissen Sie, was Sie erwartet, wenn Ihr Vierbeiner seine Reizschwelle überschreitet. Und mit diesem Wissen wundern Sie sich auch nicht mehr, warum ein Appenzeller Sennenhund im Welpenalter gerne in die Beine zwickt oder ein Border Collie bei seinen „dollen fünf Minuten“ im Kreis rennt. Während ihrer Impulsivität reagieren Hunde instinktiv und zeigen die Tiefe ihrer Genetik.

Ursachen für Impulsivität

Ihr Hund ist impulsiv? Das ist zunächst kein schlechtes Verhalten. Sehen Sie es vielmehr als eine Anlage, auf der Sie das Training aufbauen können.

Richtig einschätzen

Es liegt an Ihnen, ob Sie Ihren Hund als sehr begabt oder gestört wahrnehmen. Die Welt sieht jedoch sowohl für den Menschen als auch für den Hund schöner aus, wenn Sie sich auf Ihre eigenen Stärken und auf die Stärken Ihres Hundes konzentrieren und diese fördern, anstatt nur an den Fehlern zu arbeiten.

Egal ob Sie „nur" einen einfachen Familienhund haben möchten oder große Ziele im Hundesport hegen, ein Hund mit einer guten Impulskontrolle ist klar von Vorteil.

Einen Welpen aussuchen

Ist die Entscheidung für ein bestimmtes Familienmitglied noch nicht gefallen, können Sie schon bei dessen Wahl auf Hinweise für eine mögliche, fehlende Impulskontrolle schließen, z. B.:

Wachsen die Welpen mit einer gestressten Mutterhündin auf? Dann besteht die Gefahr, dass der Stress der Mutter auf ihre Welpen übergeht.

Der Körper der Welpen kann bereits vor dessen Geburt auf den zu erwartenden Stress ausgerichtet werden. Gibt es in dem Wurf nur sehr wenige Hündinnen im Vergleich zu der Anzahl der Rüden? Dann liegt es nahe, dass bei der Wahl einer Hündin ein sehr hoher Testosteronspiegel vorliegt. Auch dieser kann zu einem erhörten Stress des Welpen führen.

Haben die Welpen nur eine ungenügende Sozialisierung erfahren, haben diese kaum bis gar nicht gelernt, Situationen für sich selbst gewinnbringend zu lösen. Ohne erlernte Bewältigungssituationen können sie nur instinktiv reagieren.

Die Rolle der Erziehung

Unabhängig von den Anlagen können durch gezielte Erziehung die meisten Probleme fehlender Impulskontrolle gelöst werden. Ist Ihr Hund sowohl körperlich als auch geistig ausgelastet? Hunde, die sich langweilen, sind auf der Suche nach einer Aufgabe. Wenn der Mensch ihnen keine gibt, werden sie sich selber eine Aufgabe suchen, ohne diese mit ihren Menschen abzusprechen.

Zur Erlernung von Selbstbeherrschung ist positives Training sehr wichtig. Die Hunde lernen kleinschrittig, gewünschtes Verhalten zu zeigen, anstatt eine bestimmte Situation zu meiden. Auf diese Weise können sich die Hunde auch in ähnlichen Situationen beherrschen.

Bevor Sie mit der Erziehung des Hundes beginnen, sollten körperliche Ursachen zur Impulsivität ausgeschlossen werden. So können z. B. Juckreiz und Schmerzen stark an der Selbstbeherrschung zerren. Ein kleiner zusätzlicher Reiz von außen kann dann bereits zum Kontrollverlust führen, sodass der Hund impulsiv auf den Reiz reagiert. Besonders bei Hüte- und Treibhunden, welche Probleme mit der Impulskontrolle haben, sollte auf die Ernährung geachtet werden.

Ein Futterball ist eine Möglichkeit einer ruhigen Beschäftigung.

Hütehunde im Porträt

Hütehunde sind in der Regel agile, mittelgroße Hunde, welche zum Zusammenhalten, Begleiten und Treiben von Enten, Ziegen, Schafen und Rindern gezüchtet wurden. Der Hütehund arbeitet dabei sehr präzise und kann auch auf Entfernung die Anweisungen des Schäfers eigenständig umsetzen. Im Folgenden werden typische Vertreter aufgeführt.

Border Collie

Border Collie

Ursprünglich stammt er aus Großbritannien. Versucht man sein Arbeitsverhalten zu beschreiben, ist er arbeitswillig, arbeitsliebend bis hin zu arbeitsbedürftig. Mit Schnelligkeit, Beweglichkeit und Ausdauer wird dieser Arbeitshund vor allem an der Schafsherde eingesetzt. Der Border Collie zeichnet sich bei der Arbeit durch selbstständigen Einsatz aus: Probleme löst er oft allein, er arbeitet trotz allem aber sehr gut mit seinem Menschen zusammen. Er ist aufmerksam, sensibel und lebhaft zugleich. Ohne Arbeit beschäftigt er sich alleine, dies kann von der Zerrstörung von Gegenständen über Aggressivität bis zur Selbstverstümmelung gehen.

Australien Shepherd

Zum Erstaunen Vieler stammt er nicht aus Australien, sondern aus Nordamerika. Unter den Hütehunden ist er eindeutig der größte Allrounder und hat auf dem Hof vielfältige Aufgaben. Der Australian Shepherd (Foto siehe Seite 20) ist auf kein Vieh spezialisiert: ob Rinder, Schafe oder Enten, für den Aussie ist das alles kein Problem. Ausgestattet mit einer ordentlichen Portion Wach- und Schutztrieb ist er ein wacher, aufmerksamer Hund mit einer sehr guten Beobachtungsgabe. Zu Fremden ist er zunächst reserviert, bei seinem Menschen ist er meist für seinen Willen zu gefallen bekannt. Entsprechend seinen Anlagen fordert der Aussie Beschäftigung und dabei körperliche als auch geistige Herausforderungen.

Malinois

Malinois

Der robuste, triebstarke, belgische Schäferhund ist zurzeit die Nummer eins unter den Sport- und Diensthunden. Als Gebrauchshund überzeugt er durch seine unerschöpfliche Energie und seinen unbändigen Arbeitswillen. Bekommt er nicht genügend Aufgaben, sucht er sich selber welche. Er zeichnet sich im Allgemeinen durch eine hohe Motivation, Agilität und einen starken Willen aus. Die Aufgabe seines Menschen ist es, diese Aktivität in gewünschte Bahnen zu lenken. Neben der Arbeit als Hüter an der Herde gehört das Bewachen von Haus und Hof zu seinem Aufgabenbereich. Er ist Fremden gegenüber misstrauisch und verteidigt Hof und Besitzer energisch und furchtlos.

Info

Nicht immer eindeutig zuzuordnen

Die auf dieser und den nächsten beiden Seiten genannten stellen typische Vertreter dar, welche jeweils verstärkt entweder zu den Hütehunden oder den Treibhunden zugeordnet werden können. Bei vielen anderen Hüte- bzw. Treibhunderassen ist das nicht immer sinnvoll und möglich, da sich die beiden Sparten jeweils überlappen.

Treibhunde im Porträt

Die Aufgabenbereiche der Treibhunde verschmelzen mit denen der Hütehunde. Im Allgemeinen sind Treibhunde allerdings zum Treiben von Großvieh gezüchtet worden. Sie sind folglich vom Verhalten deutlich derber und kerniger als der klassische Hütehund, schließlich kann eine Rinderherde nicht mit einem einfachen Fixieren in Bewegung versetzt werden, sondern es bedarf teilweise eines Beißens in die Flanken seitens des Hundes, um das Tier zu bewegen. Im Folgenden werden typische Vertreter aufgeführt.

Appenzeller Sennenhund

Australian Cattle Dog

Appenzeller Sennenhund

Neben dem Entlebucher, dem Berner und dem Großen Schweizer gehört der Appenzeller zu den Schweizer Sennenhunden. Charakteristisch sind sowohl seine Posthornrute als auch seine Bellfreudigkeit in hoher Tonlage. Als Bauernhund wurde er zum Hüten und Treiben von Rindern eingesetzt. Der Appenzeller Sennenhund treibt die Rinderherde durch gezielte Bisse in die Flanken in die gewünschte Richtung. Kein Wunder, dass er ein robustes Energiebündel mit einer guten Beobachtungsgabe und einem unerschrockenen Wesen ist. Sein angeborener Wach- und Schutztrieb und der nur gering ausgeprägte Jagdtrieb machen ihn zu einem verlässlichen Bewacher von Haus und Hof. Fremden gegenüber ist er eher misstrauisch.

Australian Cattle Dog

Dem Namen nach stammt er aus Australien und ist dort immer noch als Arbeitshund im Einsatz. Aus seiner Aufgabe als Rindertreiber besitzt er ein starkes Wesen und ein sehr gutes Selbstbewusstsein. Seinem Wesen nach ist er natürlich, frei und derb. Er ist bekannt als ein harter, unermüdlicher Arbeitshund, welcher trotz Kompaktheit ausgesprochen wendig ist. Geduld gehört nicht gerade zu seinen Stärken, deswegen bringt er seine Bedürfnisse sehr ausdrucksstark, oft sogar überdeutlich, zum Ausdruck. Der Australian Cattle Dog zeichnet sich aus für eine große Führigkeit und eine sehr schnelle Auffassungsgabe. Durch seine ausgeprägte Personenbezogenheit ist er vor allem ein Ein-Personen-Hund. Fremden gegenüber ist er reserviert.

Bouvier des Flandres

Ursprünglich stammt er aus Belgien und wurde für das Treiben von Pferde- und Rinderherden gezüchtet. Neben der Aufgabe als Zughund von Milch- und Käsekarren ist er zugleich Wächter von Haus und Hof. Als Zughund kann er enorme Kräfte entwickeln und bis zum Achtfachen seines Körpergewichts ziehen. Wegen seines Aufgabenbereichs als Treiber und Bewacher von Großvieh zeichnet sich sein Wesen durch einen ruhigen, aufmerksamen, souveränen und zugleich mutigen Charakter aus. Der Bouvier des Flandres ist in der Lage, blitzschnell Entscheidungen zu treffen und zu reagieren, sein Handeln erfolgt oft eigenständig. Trotz seines ruhigen Gemüts ist er sehr misstrauisch gegenüber Fremden.

Weitere Rassen im Porträt

Die folgenden Hunderassen werden zwar nicht in die Sparte der Hüte- bzw. Treibhunde eingeordnet, trotzdem sind sie typische Vertreter, welchen Impulskontrolle nicht immer leichtfällt, sei es wegen Ihrer großen Portion Quirligkeit, Ihrer Überfreundlichkeit oder weil sie ihren jagdlichen Genen ausgeliefert sind. Bei vielen Rassen, welche einst für bestimmte Aufgaben gezüchtet wurden, kann man noch heute deren Auswirkungen im Zusammenleben mit dem Familienhund spüren, so z. B. auch bei allen Terriern, Rottweilern, Huskys oder Irish Settern.

Jack Russell Terrier und Parson Russell Terrier

Die aus Großbritannien stammenden, widerstandsfähigen Terrier sind besonders für ihre Arbeit unter der Erde bekannt. Unerschrocken und intelligent bringen sie den Fuchs durch Verbellen zum Verlassen des Baus. Durch den Einsatz bei der Jagd in der Meute sind sie freundlich zu Mensch, Pferd und Hund. Jack Russell und Parson Russell Terrier stellen einen arbeitsfreudigen, intelligenten und unerschrockenen Begleiter dar, welcher wegen seines Muts, Temperaments und seiner Ausdauer beliebt ist. Wenn sie jedoch körperlich und geistig nicht gefordert werden, können sie sehr zerstörerisch werden.

Jack Russell Terrier und Parson Russell Terrier

Labrador Retriever

Labrador Retriever

Ursprünglich aus Großbritannien stammend ist er ein aktiver, arbeitsfreudiger Apportierhund. Durch seine Aufgabe bei der Jagd, das geschossene Wild zu apportieren, ist er bekannt für seine gute Nase, sein weiches Maul, also dem Heranbringen von Objekten ohne sie mit den Zähnen zu beschädigen, und seine ausgeprägte Zuneigung zu Wasser. Er zeichnet sich aus durch ein freundliches, teilweise sogar zu freundliches Wesen. Im Allgemeinen verhält der Labrador sich freundlich, aufgeschlossen und neugierig. Er hat ein natürliches Bestreben, seiner Familie zu gefallen. Seine große Schwäche ist alles, was mit Essen zu tun hat.

Beagle

Die Aufgabe dieser Jagdhunde – einer der ältesten englischen Laufhunderassen – besteht vor allem beim Aufspüren und Verfolgen der Fährten von tagesscheuem Kleinwild. In der Zucht wurde vor allem Wert auf Ausdauer, selbstständiges Folgen der Fährte und Spurlaut, also das bellende Verfolgen einer Fährte, gelegt. Die Auswirkungen durch die strenge Selektion sind für den heutigen Familienhund nicht immer angenehm. Er ist ein sehr guter Jagdhund, und, wenn er einmal eine Spur aufgenommen hat, nur schwer von dieser zu lösen. Durch die Treibjagd auf Kaninchen und Hasen in der Meute ist der Beagle sehr verträglich zu Artgenossen. In Deutschland wurde er leider weniger zur Jagd, sondern wegen seiner großen Verträglichkeit vor allem als Versuchstier verwendet.

Schritt für Schritt

Jetzt ist es in der Regel nicht der Fall, dass der Hund von alleine das gewünschte Verhalten zeigt. Sie müssen ihm zunächst erklären, was von ihm verlangt wird. Stellen Sie sich das Üben wie ein Daumenkino vor. Das Verhalten – sich zu schämen – besteht im Daumenkino aus vielen aufeinanderfolgenden Bildern. Jedes Bild des Daumenkinos entspricht einem Trainingsschritt mit Ihrem Hund, wobei das jeweilige Bild den Moment angibt, für welches Verhalten Sie Ihren Hund im optimalen Fall belohnen sollten.

Für das Verhalten „Schäm dich!“ könnten folgende Bilder die ersten Trainingsschritte beschreiben: Das erste Bild des Daumenkinos könnte ein auf dem Boden liegender Hund sein. Im zweiten Bild spannt dieser die Muskulatur in den Vorderpfoten etwas an, bis er dann die Pfote leicht hebt. Im letzten Bild des Daumenkinos schließlich liegt die Pfote auf der Schnauze des Hundes.

Tipp

Das Training filmen

Kommen Sie im Training nicht weiter? Filmen Sie sich, während Sie trainieren. Oft sind es nur Kleinigkeiten, die Sie ändern müssen, damit Sie Ihrem Trainingsziel näher kommen. Ein anderer Blickwinkel kann da manchmal schon Wunder bewirken.

Es muss sich lohnen

Warum funktioniert dies? Hunde zeigen alle Verhaltensweisen, welche sich für sie lohnen. Ihre Aufgabe ist es daher, geeignete Belohnungen für Ihren Hund zu finden. Achtung: Der Hund bestimmt, was eine Belohnung ist! Testen Sie verschiedene Leckerlis und verschiedene Spielzeuge nach der Wertigkeit für Ihren Hund. Nicht immer ist die Lieblingsbelohnung auch die beste im Training.

Ruhe üben: Möchten Sie Ihrem Hund beispielsweise beibringen, ruhig in einem Café liegen zu bleiben, ist es kontraproduktiv nach einer kurzen Zeit des Liegens ein Zerrspiel zu starten. Denn Sie möchten einen entspannten Hund haben, mit dem Spielzeug puschen Sie ihn aber sehr stark auf.

Aktion beenden: Dagegen ist je nach Hund die Futterbelohnung nach dem Abrufen von einem bewegten Gegenstand oder einem Tier nicht angemessen. Beim Verfolgen schüttet Ihr Hund Glücksgefühle aus. Leckerlis können dem nicht entgegenhalten. Auf Dauer ist es daher wahrscheinlich, dass Ihr Hund sich für die Beute und nicht für Sie entscheiden wird. Ein Zerrspiel dagegen ist ein adäquater Ersatz.

Gleiches mit Gleichem

Belohnen Sie nach dem Prinzip Gleiches mit Gleichem. Möchte Ihr Hund Aktion und Sie unterbinden es, belohnen Sie dieses Verhalten entsprechend mit Aktion. Die Bedürfnisse Ihres Hundes werden erfüllt. Und wenn die Belohnung wirklich eine Belohnung für Ihren Hund ist, wird auch sein Verhalten sich ändern.

Was belohne ich womit?

Was?	Womit?
Bewegung mit Bewegung	Laufspiel, Zerrspiel, fliegende Frisbee-Scheibe, ...
Ruhe mit Ruhe	weiches Hundekissen, langsame Streicheleinheiten, ...
Futter mit Futter	Kauknochen, Leckerlis suchen, ...

Ergänzen Sie die Tabelle nach den Vorlieben Ihres Hundes. Ihrer Fantasie sind hierbei keine Grenzen gesetzt.

Immer einen Schritt voraus ...

Ruhe und Gelassenheit

Die Entscheidung, einen Hüte- bzw. einen Treibhund als neues Familienmitglied aufzunehmen, sagt in der Regel schon viel über die eigene Persönlichkeit aus.

Ohne Sie zu kennen kann ich mutmaßen, dass Sie gerne an der frischen Luft sind und lange Spaziergänge, Wanderungen oder Fahrradtouren für Sie zum Leben dazugehören. Sich nur zu Hause aufzuhalten und zu entspannen ist nicht genug, damit Sie sich rundum glücklich fühlen. Sie möchten etwas erleben und haben deswegen einen Familienzuwachs gesucht, der genau die gleichen Bedürfnisse hat wie Sie. Was bietet sich hier mehr an, als einen Hüte- oder Treibhund

auszusuchen? All die Eigenschaften, die laut Rassebeschreibungen zu Problemen führen können, wie große Ausdauer, hohe Intelligenz etc., sind für Sie kein Problem, sondern vielmehr genau die Herausforderung, die Sie täglich suchen.

Die Herausforderung

Genau hier liegt die größte Schwierigkeit bei der Erziehung von Hüte- und Treibhunden. Man möchte am liebsten sofort mit dem Training starten und alles üben, was man für das Leben mit Hund benötigt. Ihr Junghund ist von Ihrer Idee begeistert und versucht in der Regel auch alles bestmöglich umzusetzen – im Grunde sind alle zufrieden. Wo ist also das Problem?

Ihr Hund lernt durch Ihr Training viele Verhaltensweisen, die Sie gut im Alltag gebrauchen können. Jedoch wird oft vergessen, dass sich zu entspannen und zur Ruhe zu kommen wichtige Eigenschaften sind, die man als Hund lernen muss. Die Kunst bei einem Hüte- oder Treibhund liegt nicht darin, dass er einem Ball hinterherfetzen kann und diesen im schnellsten Tempo wieder zurückbringt. Vielmehr ist es eine tolle Leistung, wenn er trotz spielender Kinder, Jogger oder hektischem Treiben in einer Fußgängerzone gelassen bei seinem Menschen bleibt.

Immer mit der Ruhe

Ruhe und Gelassenheit bilden die Basis für ein schönes Miteinander. Diese Basis können Sie vergleichen mit der Kupplung eines Autos. Nur, wenn Sie beim Schalten die Kupplung ruhig kommen lassen, können Sie mit Ihrem Auto die Welt erobern. Sind Sie jedoch zu schnell mit der Kupplung, werden Sie nicht von der Stelle kommen. Für das Leben mit dem Hund bedeutet dies: Nur, wenn Sie einen ruhigen und gelassenen Hund haben, können Sie mit ihm entspannt durch den Alltag gehen. Regt er sich allerdings schon auf, wenn Sie in Richtung Auto gehen, ist Stress vorprogrammiert.

Für Jung und Alt

Ziel soll es daher sein, Ruhe zu lernen, sich zurückzunehmen und nicht immer im Mittelpunkt stehen zu wollen. Im Folgenden werden hierzu verschiedene Übungen vorgestellt. Wenn Sie bereits einen älteren Hund haben, der nicht gelernt hat sich zu entspannen, sind diese Übungen genauso geeignet wie für einen jungen Hund. Mit dem älteren Vierbeiner gilt es jedoch sich darauf einzustellen, dass das Training länger dauert und Sie selber umso ruhiger sein müssen.

Anleinspiel

Das Ziel

Ihr Hund wartet entspannt bei der Leine, während Sie sich für den gemeinsamen Spaziergang fertig machen.

Was Sie dafür brauchen:

- Halsband oder Geschirr
- Leine
- Leckerlis

Schritt für Schritt

1. Ihr Hund trägt ein Halsband oder ein Geschirr. Die Leine befindet sich an ihrem üblichen Platz. Sie bewegen sich in Richtung Leine.
   Ist Ihr Hund entspannt? Dann folgt Schritt 2. Wenn nicht, bleiben Sie sofort stehen, bis er sich entspannt. Genau in diesem Moment entfernen Sie sich wieder von der Leine. Wiederholen Sie das so oft, bis Sie zur Leine gehen können und ihr Hund dabei entspannt bleibt.
2. Legen Sie die Leine auf den Boden, stellen Sie sich unmittelbar daneben. Werfen Sie ein Leckerli auf die Leine. Ihr Hund sollte Sie dabei beobachten. Hat er es gefressen, werfen Sie das nächste Stück. Wiederholen Sie diesen Schritt 10- bis 15-mal.
3. Stellen Sie sich mindestens 1 m von der Leine entfernt hin. Sobald Ihr Hund in Richtung Leine schaut, werfen Sie ein Leckerli darauf. Wiederholen Sie dies so lange, bis Ihr Hund sich in Richtung Leine bewegt.
4. Verschieben Sie die Leine leicht und wiederholen Sie Schritt 3.
5. Warten Sie ab, bis Ihr Hund von alleine zur Leine läuft und dort 1 bis 3 Sekunden verweilt. Erst dann werfen Sie ein Leckerli.
   Zögern Sie das Werfen des Futters immer weiter hinaus.
6. Nun kommt Ablenkung dazu: Bewegen Sie sich ein wenig. Verharrt Ihr Hund entspannt an der Leine, werfen Sie ein Futterstück.
7. Steigern Sie langsam die Ablenkung. Üben Sie hierbei alle Ablenkungen, die vorkommen, bevor Sie mit ihrem Hund gemeinsam die Haustür verlassen, z. B. Schuhe anziehen, Schlüssel nehmen.
8. Verweilt Ihr Hund wie ein Meister an der Leine, können Sie ihn anleinen. Legen Sie hierfür zunächst ein Leckerli auf den Boden. Haken Sie die Leine ein, während er frisst. Belohnen Sie Ihren Hund anschließend noch mindestens 5 Mal für das Verharren an der Leine.

Yakajo hat verstanden, dass es sich lohnt bei der Leine zu warten.

Futternapf geben

Das Ziel

Sie können die Mahlzeit Ihres Hundes in Ruhe vorbereiten und im Napf präsentieren, während er geduldig auf das Startsignal für das große Fressen wartet.

Was Sie dafür brauchen:

- Futternapf
- Hundefutter

Schritt für Schritt

1. Sie halten den mit Futter gefüllten Napf in der Hand. Bewegen Sie den Napf Richtung Boden.
   Wird Ihr Hund ungeduldig und bewegt sich in Richtung Napf? Dann nehmen Sie diesen sofort wieder in die Ausgangshöhe zurück. Dieser Schritt kann einige Wiederholungen benötigen. Sobald der Futternapf auf dem Boden steht, darf Ihr Hund den Inhalt fressen.
   Wiederholen Sie Schritt 1 so lange, bis Sie den Napf auf den Boden stellen können, ohne ihn wieder zurückziehen zu müssen.
2. Warten Sie nun 1-3 Sekunden, bevor Sie den auf dem Boden stehenden Napf loslassen. Verharrt Ihr Hund vor dem Napf? Dann geben Sie ihm mit dem Signal „Nimm's!" die Erlaubnis zu fressen und lassen den Napf los.
   Wiederholen Sie Schritt 2. Lassen Sie diesmal den Napf zuerst los und geben ihm erst dann die Erlaubnis zu fressen.
3. Nun muss Ihr Hund mehr leisten, damit er fressen darf: Erst, wenn er sich hingesetzt hat, bewegt sich der Napf zum Boden.
4. Ist auch dies kein Problem, können Sie die Zeit zwischen Futterzubereitung und deren Präsentation weiter hinauszögern.
5. Für Eilige: Hat Ihr Hund keine Zeit beim Fressen und schlingt den ganzen Napf leer? Geben Sie ihm mehr Sicherheit, indem Sie einen weiteren Teil der Futterration mit der Hand in den Napf geben. Die Hand bekommt dadurch eine neue Bedeutung: Aus Futter wegnehmen wird Futter dazugeben.

Tipp

Nicht verunsichern

Nehmen Sie Ihrem Hund niemals den Napf weg um zu überprüfen, ob er dies toleriert. Es kann passieren, dass er genau deswegen beim nächsten Mal Sorge um sein Futter hat und es dann herunterschlingt oder Sie anknurrt.

Geduldig wartet Happy auf ihren Napf.

Boxentraining

Das Ziel

Als Rückzugsort im Haus, als Schlafplatz im Hotel oder zum Ausruhen auf einer Hundeveranstaltung, Hundeboxen haben einen vielfältigen Nutzen. Richtig trainiert, sind Boxen ein Gewinn für Hund und Mensch. Ziel ist es, dem Hund die Box als einen sicheren Rückzugsort gleich einer Höhle anzubieten.

Was Sie dafür brauchen:

- Box
- Leckerlis
- Decke

Schritt für Schritt

Für Sie ist es wichtig zu verstehen, dass Sie Ihren Hund nicht wegsperren. Eine Hundebox ist vergleichbar einem Laufställchen für Kinder.

Stellen Sie die Hundebox in eine ruhige Ecke Ihrer Wohnung. Achten Sie darauf, dass die Box an einem Platz steht, von wo aus Ihr Hund einerseits am Familienleben teilhaben kann, andererseits aus der Box nicht die ganze Wohnung unter Kontrolle hat. Kann Ihr Hund aus der Box heraus sowohl die Küche als auch die Haustür beobachten, eignet sich dieser Standort weniger. Denn Ihrem Hund würde es dann deutlich schwerer fallen sich auszuruhen, als wenn er nur auf das Sofa schauen kann.

Legen Sie eine Decke über die Box, sodass Ihr Hund nur aus dem Eingangsbereich herausschauen kann, jedoch nicht aus den anderen Seiten. Dadurch ähnelt die Hundebox einer Höhle. Bevor Sie mit dem Training starten, lassen Sie die Box ein bis zwei Tage an Ihrem festen Ort stehen. So hat Ihr Hund Zeit, sich an diese zu gewöhnen.

1. Legen Sie ein paar Leckerlis vor die Hundebox. Geht Ihr Hund ohne zu zögern hin und frisst sie auf? Dann können Sie mit dem nächsten Schritt fortfahren.
2. Legen Sie die Leckerlis nun in die Box, und dann immer weiter hinein.
3. Schaffen Sie es, Ihren Hund mit nur einem Leckerli in die Box zu locken? Ist er in der Box, erhält er einen Jackpot. Geben Sie Ihm hintereinander 5-10 Leckerlis dafür, dass er sich in der Box aufhält.
4. Nun soll Ihr Hund lernen, in die Box zu gehen, ohne dass er mit Futter gelockt wird. Er befindet sich außerhalb der Box. Sobald er nur in Rich-

Tipp

Kleine Überraschungen

Bereiten Sie Ihrem Hund viele Glücksmomente in der Box. Legen Sie zwischendurch einen Knochen oder ein Spielzeug hinein: Ihr Hund wird immer häufiger in seiner Höhle nachschauen und sich von allein in diese zurückziehen.

Eine Reise ist kein Problem für Elenja, solange auch ihre Hundebox mitfährt.

tung der Box schaut, bekommt er ein Leckerli, sodass er in die Box geht. Ist er in der Box, bekommt er wieder einen Jackpot wie in Schritt 4.

5. Nun muss Ihr Hund einen ersten Schritt in Richtung Box machen, bevor er das Leckerli und den anschließenden Jackpot in der Box bekommt.
6. Zögern Sie die Leckerligabe immer weiter hinaus, bis Ihr Hund von alleine in die Box geht und auf den Jackpot wartet.
7. Jetzt können Sie die Zeit verlängern, die sich Ihr Hund in der Box aufhalten soll. Zögern Sie den Jackpot immer weiter hinaus.

Schließen Sie in der ersten Trainingsphase nicht die Boxentür und testen Sie nicht aus, ob Ihr Hund bereits ohne Probleme in der Box bleiben kann. Die Box soll ein positiver Rückzugsort sein. Eine zu früh geschlossene Tür kann Ihren Hund in Panik versetzen.

Ruhesignal

Wer wünscht sich manchmal nicht einen Aus-Schalter für seinen Hund – ein Wort, welches ihn sofort glücklich stimmt und er sich zufrieden in seinem Kissen zusammenrollt?

Runterfahren

Das Ruhesignal kommt dem Ausschalter sehr nahe, denn damit sollen Sie Ihren Hund sofort entspannen lassen können, egal wie aufgeregt oder gestresst er gerade ist. Natürlich wird Ihr Hund dann nicht direkt einschlafen, aber sichtlich entspannter werden.

Signaleinführung

Das Training eines effektiven Ruhesignals benötigt sehr viel Zeit und vor allem Geduld.

Schritt 1: Beobachten Sie Ihren Hund genau: In welchen Situationen kann er sich gut entspannen? Wie zeigt er Ihnen, dass er sich gerade wohlfühlt? Beispiel: Mein Cattle Dog Bounty atmet kurz vor dem Moment

Das Ohr ausstreichen ist für Milla ein Auslöser zur Entspannung.

des Entspannens einmal tief ein, streckt dabei seine Vorderpfoten und Krallen lang aus. Beim deutlich hörbaren Ausatmen lockert er seine gesamte Muskulatur und fällt anschließend meist in einen leichten Dämmerschlaf.

Schritt 2: Überlegen Sie sich ein Ruhesignal, das auch für Sie eine beruhigende Wirkung haben sollte. In der Regel bieten sich haptische Signale (alles, wobei Sie ihren Hund berühren) am besten an, z. B. das Ausstreichen der Ohren, langsames Streicheln über den gesamten Rücken etc. Sie können auch ein Wortsignal, z. B. „Ruuuuhe", „eeeeeeeeeeasyyyyyyy" etc., verwenden. Dies ist allerdings deutlich schwieriger und auch Sie müssen in stressigen Situationen in der Lage sein, das Wort mit völliger Gelassenheit zu äußern.

Schritt 3: Kreieren Sie eine Situation, in welcher Ihr Hund sich in kurzer Zeit wie in Schritt 1 entspannen wird. Zeigt er erste Anzeichen (bei Bounty tiefes Einatmen und Anspannen der Muskulatur), geben Sie Ihr Ruhesignal. Sie können das Signal wiederholen, bis Ihr Hund vollständig entspannt ist. Dann sollte er sich ausruhen. Geben Sie keine Futterbelohnung und loben Sie wenn nötig nur sehr sanft, damit Ihr Hund nicht wieder aufdreht.

Dieser Schritt wird mindestens vier Wochen lang wiederholt, variieren Sie dabei die Orte. Achten Sie für den Anfang auf eine reizarme Umgebung.

Die Testphase

Nach vier Wochen Signaleinführung können Sie Ihr Training testen, indem Sie Ihrem Hund Fragen stellen. Er müsste diese mit „Ja" beantworten, wenn im Training bisher alles richtig gelaufen ist.

Wichtig

Nichts überstürzen

Geben Sie das Ruhesignal nur dann, wenn Sie überzeugt davon sind, dass Ihr Hund sich entspannen wird. Testen Sie in der Trainingsphase niemals den Erfolg des Signals!

Das geht so: Geben Sie ihm Aufgaben, die er entsprechend seinem aktuellen Trainingsstand bewältigen müsste, da er im Training schon wesentlich schwierigere Aufgaben gelöst hat.

Mögliche Fragen: „Kannst du dich entspannen, wenn du in der Küche liegst, tief einatmest und die Zehen ausstreckst?", „Kannst du dich entspannen, wenn du in der Küche liegst und du sehr müde bist?" oder „Kannst du dich entspannen, wenn ich dich in der Küche an einem Stuhl angeleint habe und du tief einatmest?"

Geduld haben

Das Training ist sehr kleinschrittig. In einer sehr stressigen Situation ist es aber von großer Bedeutung, dass Ihr Hund Ihr Signal nur mit Entspannung verknüpft. Die Basis dafür muss immer weiter gefestigt werden. Das Testen des Trainingserfolges darf mit der Zeit erschwert werden. Fragen Sie aber nur das ab, was Ihr Hund schon können müsste. Denn ein „Nein" als Antwort bedeutet einen großen Rückschritt im Training.

Mit viel Zeit und Geduld erschaffen Sie jedoch ein sehr starkes und für den Alltag höchst nützliches Signal, welches eine weitaus größere Lebensqualität für Sie und ihren Hund bedeutet.

Auslastung und Ausgleich

Eigenschaften sind immer mit Bedürfnissen verbunden. Ihre Aufgabe ist es, Ihrem Hund die Möglichkeit zu geben, seine Rasseeigenschaften artgerecht ausleben zu können.

Zu allem bereit

Rasche Auffassungsgabe, große Bereitschaft, Aufgaben zu übernehmen, niedrige Reizschwelle, robust und ausdauernd: All dies sind Eigenschaften, die man in jeder Rassebeschreibung zu Hüte- und Treibhunden finden kann. Je nach Rasse kommen noch Wach- und Schutztrieb hinzu.

Das Frisbee-Spiel bedeutet nicht nur Spaß und Aktion, sondern auch sich zurückzunehmen und zu kommunizieren.

Keine Sorge! Sie müssen jetzt keine Rinderzucht eröffnen, nur weil Sie einen Australian Cattle Dog haben. Aber Sie müssen sich Gedanken machen, wie Sie ihm einen Job, der dem Treiben von Rindern ähnelt, bieten können.

Hüte- und Treibhunde müssen daher sowohl körperlich als auch geistig ausgelastet werden. Zum Glück sind sie Allrounder und für alle Ideen zu begeistern. Wird Ihnen jedoch kein Ausgleich angeboten, entwickeln sie meist Problemverhalten. Gelangweilte, unterforderte Hüte- bzw. Treibhunde können unruhig und überwachsam werden, Inneneinrichtungen zerstören oder damit anfangen, Menschen, andere Tierarten oder Autos zu hüten.

Körper und Geist beschäftigen

Für eine körperliche Auslastung bieten sich lange Spaziergänge, das Begleiten beim Fahrradfahren oder Reiten an. Haben Sie selbst Spaß daran, mit Ihrem Vierbeiner eine Hundeschule zu besuchen, ist Hundesport wie Frisbee, Agility und Kreistraining eine schöne Beschäftigung. In abgewandelter Form lässt sich das alles auch gut zu Hause und unterwegs durchführen.

Aber aufgepasst! Auslastung des Körpers ist nur eine Seite der Medaille: Die geistige Auslastung ist mindestens genauso von Bedeutung. Tricktraining, Nasenarbeit oder das Übernehmen von kleinen Aufgaben sorgen für einen ausgeglichenen Geist Ihres Hundes.

Wichtig

Ruhe einplanen

Neben der Auslastung Ihres Hundes sollten Sie dafür sorgen, dass er immer wieder zur Ruhe findet und sich entspannt. Ansonsten ziehen Sie sich einen nimmermüden, aufgedrehten Hund heran, der zwar jederzeit für ein neues Abenteuer bereit ist, aber nicht verstehen kann und will, dass Sie selber den Tag einmal etwas entspannter angehen möchten.

Der ältere Hund

Ein älterer Hüte- oder Treibhund muss nicht mehr so stark körperlich ausgelastet werden. Er verfällt in der Regel auch nicht so schnell in Fehlverhalten, wenn er geistig nicht ausreichend ausgelastet wurde. Trotzdem hat natürlich auch ein alter Hund Bedürfnisse, er wird diese wahrscheinlich aber nicht so stark zum Ausdruck bringen wie ein junger. Bieten Sie Ihrem Senior daher genügend altersgerechte Möglichkeiten, seine Bedürfnisse zu befriedigen, er wird es Ihnen mit einem Schwanzwedeln danken.

Im Folgenden werden verschiedene Möglichkeiten vorgestellt, Hunde jeden Alters sowohl körperlich als auch geistig auszulasten.

Nasenarbeit

Das Schöne an der Nasenarbeit ist, dass Ihr Hund ruhig und konzentriert arbeitet. Das Senken des Kopfes hat eine natürliche Beruhigung zur Folge.

Bei der Arbeit mit der Nase wird Ihr Hund nicht nur geistig, sondern auch körperlich ausgelastet. Für den heranwachsenden, aber auch für den älteren Hund bietet das Auslastung ohne starke körperliche Beanspruchung, Beispiele siehe unten, Schritt für Schritt erklärt. Zusätzlich lernen junge Hunde, ohne Erregung zu arbeiten.

All you can eat

All you can eat

Was Sie dafür brauchen:

› Leckerlis

1. Nehmen Sie sich eine Hand voll Leckerlis und halten Sie diese vor die Nase Ihres Hundes.
2. Lassen Sie die Leckerlis fallen. Ihr Hund darf sofort danach suchen und fressen.
3. Steigern Sie den Schwierigkeitsgrad, indem eine größere Fläche abgesucht werden muss oder Sie unterschiedliche Untergrunde verwenden: Fliesen und Steine sind relativ einfach, Gras und Waldboden dagegen schwer.

3D – Fährte

Was Sie dafür brauchen:

› Leckerlis

1. Legen Sie eine Futterspur aus, im Abstand von ca. 10 cm liegt ein Stück Futter. Kann ihr Hund ohne Probleme der Spur folgen?

2. Wenn ja, wird es schwieriger: Vergrößern Sie den Abstand und bauen Sie leichte Kurven ein.
3. Für mehr Aktion kann die Spur über Felsen, Abhänge etc. führen. Neben der Arbeit mit der Nase ist dann auch Geschicklichkeit gefragt.

Tipp: Für Profis können die Leckerlis auch an Ästen befestigt werden.

3D – Fährte

Schleppfährte

Was Sie dafür brauchen:

- Ein großes Stück Käse oder Wurst
- Ein Taschentuch
- Eine Schnur

1. Wickeln Sie das Käse- oder Wurststück in das Taschentuch. Binden Sie die Schnur so um das Tuch, dass die Leckerei nicht herausfallen kann. Alternativ können Sie die Schnur auch an einem Federmäppchen befestigen.
2. Markieren Sie sich den Anfang der Fährte mit einem Stock und legen Futter dorthin, am besten das gleiche, welches sich auch im Taschentuch befindet. Ziehen Sie das Taschentuch ca. 5 Meter über die Wiese. Am Ende der Fährte hinterlegen Sie wieder Futter. Warten Sie mindestens 10 Minuten ab, denn der Duft der Spur muss sich erst entwickeln.
3. Zeigen Sie Ihrem Hund den Startpunkt der Fährte. Schafft er die Spur nicht ohne Probleme, verkürzen Sie beim nächsten Mal die Fährte und verteilen innerhalb der Spur ein paar Leckerlis.

Schleppfährte

4. Steigern Sie mit der Zeit den Schwierigkeitsgrad, indem Sie eine längere Fährte legen, beim Legen der Schleppfährte schneller gehen, Kurven laufen oder den Untergrund wechseln. Bauen Sie in jeder neuen Fährte immer nur eine kleine neue Schwierigkeit ein.

Hundesport

Mit einem Hüte- oder Treibhund haben Sie sich ein Allround-Talent als Familienmitglied ausgesucht. In der Regel ist er für jede Idee zu begeistern und leicht zu Höchstleistungen zu bewegen.

Je nach Vorliebe können Sie zwischen Sportarten wählen, bei welchen Sie selbst mehr oder weniger aktiv werden müssen. Ob Sie im eigenen Garten üben, Kurse in einer Hundeschule besuchen oder bei Turnieren starten: Ihr Hund wird mit Sicherheit von jeder Wahl begeistert sein.

Beim Frisbee steht neben der Auslastung immer die Gesundheit des Hundes im Vordergrund.

Frisbee

Gehen Sie mit Ihrem Hund auf die Jagd nach der Scheibe! Kommunikation in Bruchteilen von Sekunden schweißt Sie und Ihren Hund als Team zusammen. Je nach eigener Fitness können Sie das Spiel nach eigenen Vorlieben gestalten. Für den jungen Hund bis zum 16. Lebensmonat sind zunächst nur Roller zu empfehlen: Die Scheibe rollt hierbei über den Rasen. Ihr Hund lernt u.a. Ihre Körpersprache zu lesen und übt apportieren und loslassen. Ein ausgewachsener Hund darf Frisbees aus der Luft fangen. Diverse Sprünge bieten den besonderen Reiz der Sportart. Vorteil: Die Scheibe ist schnell für einen Spaziergang eingepackt.

Dog Dance

Erarbeiten Sie mit ihrem Hund eine Choreographie! Tricks verbunden mit Musik bilden eine besondere Zusammenarbeit zwischen Mensch und Hund. Je nach eigenen Vorlieben können Sie Dog Dance tänzerisch gestalten oder schauspielerisch eine Szene nacherzählen. Der Phantasie sind keine Grenzen gesetzt! Die schnelle Auffassungsgabe Ihres Hundes kommt Ihnen beim Tricktraining zu Gute. Besonders im Winter oder an regnerischen Tagen bietet Dog Dance eine schöne Freizeitbeschäftigung. Ein guter Dog Dancer ist in der Regel auch ein guter Familienhund. Er lässt sich nicht schnell ablenken, arbeitet eng mit seinem Menschen zusammen und beherrscht eine gute Fußarbeit ohne Leine.

Pippi liebt die unterschiedlichsten Tricks.

Agility

Beim Agility gilt es, einen möglichst fehlerfreien Lauf über unterschiedlichste Hindernisse zu absolvieren. Ob Tunnel, Hürde oder Slalom, jeder hat seine eigenen Vorlieben und Herausforderungen. Nicht nur der Hund treibt Sport, auch sein Herrchen muss mit geschickten Laufwegen glänzen. Nur als Team können Sie hier Erfolg haben. Kurse werden in Hundeschulen und -vereinen angeboten.

Hüten und Treiben für Jedermann

Der Gebrauchshund hat sich zu einem Familienhund gewandelt. Heute erwarten ihn völlig andere Anforderungen an den Alltag.

Langsames Anpirschen an ein ausgerissenes Schaf. Ein starrer Blick, in welchem sich der feste Wille widerspiegelt, das Schaf zu seiner Herde zurückzubringen. Dieses Glücksgefühl an der Arbeit am Vieh ist nur noch wenigen Hüte- und Treibhunden gegönnt. Statt einer unermüdlichen Arbeitshaltung wird von ihnen verlangt, sich unauffällig bei einem Cafébesuch zu verhalten. Oft wird vergessen, für welche Aufgaben sie einst gezüchtet und entsprechend selektiert wurden.

Bei den nachfolgend aufgeführten Freizeitbeschäftigungen darf Ihr Hund seiner Genetik nachgehen und kann ausleben, wofür er eigentlich gezüchtet worden ist. Sie werden merken, dass er ein ganz neues Lebensgefühl entwickelt. Denn er darf die Arbeit durchführen, für die sein Herz schlägt.

Geschickt fädelt Milla den Ball durch den Slalom.

Treibball

Ähnlich wie beim Treiben der Herde ist es beim Treibball das Ziel, verschiedene Bälle auf Anweisung des Menschen in beliebige Richtungen zu schieben. Standardmäßig sollen große Gymnastikbälle mit der Schnauze des Hundes in ein Fußballtor geschoben werden. Schwieriger wird es, wenn der Hund aus mehreren Bällen einen bestimmten herausfiltern muss oder den Ball über ein Hindernis oder durch einen Tunnel treiben soll. Manche Hunde schaffen es sogar, auf dem Ball zu balancieren. Typische Verhaltenselemente des Hütens wie das Vorausschicken, das Verharren und das Umrunden werden für ein erfolgreiches Zusammenspiel zwischen Hund und Mensch verlangt.

Longieren

Bei der Arbeit läuft ein Border Collie oft große Kreise um die Schafsherde. Longieren greift diese Kreisbewegungen auf. Der Hund lernt auf Zeichen, mit Pylonen aufgestellte Kreise außen zu umrunden, während sich sein Mensch in der Kreismitte befindet. Das Kreisinnere soll der Hund nicht betreten. Sie können sehr schöne Choreografien zu den Kreisen entwickeln, z. B. kann der Hund eine Acht um zwei große Kreise laufen oder nach jeder vollständigen Runde die Richtung wechseln. Schwieriger wird es mit mehreren Hunden gleichzeitig. Hund und Mensch müssen gut miteinander kommunizieren, damit die geplanten Laufwege eingehalten werden und die Hunde nicht zusammenstoßen.

Statt Pylonen können auch Rohre zum Bau eines Kreises dienen.

Hüte-Spaziergang

Gestalten Sie einen normalen Ausflug zu einem Hüte-Spaziergang. Lassen Sie Ihren Hund kleine Kreise laufen, indem Sie ihn um einzelne Hindernisse herumschicken. Halten Sie die Augen offen, Sie werden sehr viele mögliche Gelegenheiten finden, ob alleinstehende Bäume oder Bänke.

Jede Form von Hüten ist selbstbelohnend, deswegen sind unsere Hunde sehr ausdauernd bei Ihrer Arbeit. Sie können deshalb das Beobachten von Vieh als Belohnung verwenden (siehe Seite 108). Aber aufgepasst: Zeigt Ihr Hund von vorne herein kein Interesse an Vieh oder möchten Sie nicht, dass er irgendwann am Vieh arbeitet, sollten Sie ihn nicht dazu auffordern, es zu betrachten. Bei einem Hütehund, der als Familienhund geführt wird, ist Desinteresse an Schafen und Rindern gewünscht!

Überall lauern Gegenstände, um welche man seinen Hund schicken kann.

Struktur im Alltag

Hüte- und Treibhunde zeigen einen starken Willen, ein Teil der Familie sein zu dürfen. Es erscheint daher oft, als seien sie leicht zu erziehen.

Es sieht so leicht aus

Beobachten Sie einen Hundehalter mit seinem Hütehund im Alltag, sehen Sie meistens ein sehr harmonisches Team. Die Leichtigkeit ihrer Kommunikation ist beeindruckend. Keine Frage, dass Hundehalter anderer Rassen teilweise etwas neidisch auf die Begeisterungsfähigkeit von Hüte- und Treibhunden sind.

Ein sehr guter Tiertrainer hat einmal zu mir gesagt: „Training ist einfach, aber nicht leicht". In dieser Aussage ist sehr viel Wahres enthalten. Mit Sicherheit ist Ihnen bereits aufgefallen, dass Ihr Hund sehr schnell lernt. Tricks zu trainieren ist daher nicht unbedingt die große Herausforderung für Sie beide. Hüte- und Treibhunde haben eine schnelle Auffassungsgabe und ihr Wille zu arbeiten und zu gefallen erleichtert Ihnen das Training und lässt das Erziehen eines Hundes mit diesen Voraussetzungen einfach erscheinen.

Es ist jedoch ein riesiger Unterschied, ob Sie ein kurzes Verhalten, wie z. B. „Sitz", trainieren möchten, oder allgemeine Verhaltensregeln, wie z. B. Menschen nicht anzuspringen.

Das Üben kurzer Verhaltensweisen ist einfacher, weil Sie beim Training immer konzentriert sind, sich extra Zeit dafür nehmen und vielleicht sogar besonderes Futter vorbereitet haben. Und nach dem Üben darf Ihr Hund sich wieder selber beschäftigen.

Regeln einüben

Bei Verhaltensregeln verläuft das Einüben über den ganzen Tag, alle sieben Tage die Woche und dies zwölf Monate lang, für ein ganzes Hundeleben. Da ist es unmöglich, immer konzentriert zu sein. Es wird mit Sicherheit Tage geben, an welchen Sie einfach keine Zeit haben sich mit Ihrem Hund ausreichend zu

Info

Den Rahmen stecken

Das Miteinander von Hund und Mensch soll leicht und mit viel Freude erfolgen. Struktur bedeutet für Ihren Hund mehr Sicherheit. Als einer sehr selbstständig arbeitenden Rasse angehörend, findet er sich leichter zurecht, wenn er genau weiß, was Sie von ihm erwarten. Zudem bedeuten Routine und Struktur auch für Sie eine Entlastung.

beschäftigen. Dann ist der Hund vielleicht unausgelastet und sucht sich eventuell eine Aufgabe, die er erfüllen kann. Diese entspricht aber nicht immer Ihren Vorstellungen. Egal, was die Ursachen dafür sind, dass das Zusammenleben von Hund und Mensch gerade nicht harmonisch ist: Es sollte immer klar sein, dass Härte in der Erziehung völlig unnötig und deplatziert ist. Ihr Hund besitzt niemals die Absicht Sie zu verärgern, sondern hat vielmehr einfach noch nicht verstanden, was Sie von ihm möchten. Wenn aber Ihr Hund Sie verstanden hat, reagiert er bereits auf kleinste Signale, die Sie aussenden.

Souveränität, Begeisterungsfähigkeit und liebevolle Konsequenz legen die Basis für ein harmonisches und voneinander lernendes Team. Hierzu werden auf den folgenden Seiten einige Beispiele aufgeführt, mit welchen Sie Ihren Alltag besser strukturieren können.

Gelassen auf dem Kissen liegen, während Besuch im Haus ist, ist für Summer kein Problem.

Fragen lernen

Ein Hund in der Küche oder sogar auf dem Sofa? Früher kaum vorstellbar, ist dies heute keine Seltenheit. Überlegen Sie daher zunächst mit der Familie, was der Hund darf und was nicht.

Klare Regeln?

Braucht es weitere Regeln, obwohl der Hund auf das Sofa darf? Darf der Hund sich etwa zu Ihrem Besuch auf das Sofa setzen? Und was ist, wenn Sie sich auf das Sofa legen wollen, aber ihr Hund, der sich dort breitmacht, Ihnen nur eine kleine Ecke übrig lässt?

Sie merken, dass allein mit der Erlaubnis für Ihren Hund auf dem Sofa liegen zu dürfen, die Situation noch nicht entschieden ist. Ob Sofa, Küche oder der Gang in den Garten: Es gibt sehr viele Situationen, für die Sie überlegen sollten, was Ihr Hund darf und was nicht. Jedoch sind allgemeine Erlaubnisse und Verbote im Alltag nicht immer leicht umzusetzen. Klarheit von Regeln ist daher ein Problem.

Das Ziel

Dieses Problem können Sie umgehen, wenn Ihr Hund lernt, Fragen zu stellen. Das sieht so aus: Ihr Hund will auf das Sofa. Er stellt sich davor, schaut Sie an und wartet auf Ihre Antwort. Jetzt liegt es bei Ihnen, für diesen Moment zu entscheiden, ob er sich dazulegen darf oder nicht.

Schritt für Schritt

1. Stoppen Sie zunächst Ihren Hund, wenn er in Richtung Sofa geht. In dem Moment, in dem er stehen bleibt, klopfen Sie mit der Hand auf das Sofa und sagen „Ok“. Springt Ihr Hund ohne zu fragen auf das Sofa, schicken Sie ihn wieder hinunter. Erst wenn er vor dem Sofa steht, klopfen Sie wieder auf die Sitzfläche und sagen „Ok“.
2. Klappt das? Dann fordern Sie von ihm ein, dass er in Ihre Richtung schaut, bevor er die Erlaubnis erhält. Zunächst reicht eine kleine Kopfdrehung, mit der Zeit soll der Kopf jedoch ganz in Ihre Richtung gedreht werden. So wird Ihr Hund ohne Probleme warten, da sich sein höfliches Verhalten lohnt und sein Wunsch, sich auf das Sofa zu legen, erfüllt wird.

Höflich fragt Happy, ob sie auch auf das Sofa darf.

Absage: Ihr Hund darf nicht aufs Sofa? Dann geben Sie ihm eine kurze Information, dass Sie seinen Wunsch wahrgenommen haben, aber nicht möchten, dass er auf das Sofa springt. Das Signal dafür ist „Schade". Mit der Zeit wird Ihr Hund lernen, dass er auf das Sofa darf, wenn Sie klopfen und „Ok" sagen, er bei „Schade" jedoch unten bleiben muss.

Tipp

Mehr Fragen

Wie beim Sofa-Training können Sie mit Ihrem Hund üben, auch in anderen Situationen Fragen zu stellen. Er wird das mit der Zeit verallgemeinern.

Begrüßungsfeste

Sie kommen nach Hause und werden schwanzwedelnd von Ihrem Hund begrüßt. Manchmal ist die Wiedersehensfreude allerdings so groß, dass die Freude in wildes Anspringen übergeht.

Zu aufregend?

Durch große Aufmerksamkeit auf das Ankommen nach einer kurzen oder auch längeren Abwesenheit fordern Sie die überschwängliche Freude des Hundes heraus. Wenn Sie dies mögen, können Sie es natürlich so machen. Sie müssen aber auch bedenken, dass Sie Ihrem Hund nicht böse sein dürfen, wenn er dabei gute Kleidung dreckig macht oder Besuch entsprechend begrüßt. Er hat es schließlich nicht anders gelernt.

Des Weiteren können Begrüßungsfeste und große Verabschiedungen zur Folge haben, dass ein Hund Trennungsangst entwickelt. Er wird angespannt warten, wann Sie endlich wieder nach Hause kommen und findet nicht zur Ruhe. Zeigt ihr Hund Anzeichen von Stress, wie sich zu kratzen, zu hecheln oder unruhig umherzulaufen bzw. zerstört die Wohnung, wenn Sie das Haus verlassen? Dann sollten Sie auf jeden Fall Abschieds- und Willkommenszeremonien beenden. Je nach Schwere des Verhaltens ist zu überlegen, sich zusätzlich Hilfe durch einen Hundetrainer zu holen.

Ruhig bleiben üben

Das wilde Anspringen Ihres Hundes ist von ihm zwar nett gemeint, aber nicht immer angenehm. Ziel sollte es daher sein, dass Ihr Hund Sie weiterhin schwanzwedelnd begrüßt, Sie dabei aber zeitgleich ruhig ankommen lässt. Ihr Hund muss folglich lernen, sich zurückzunehmen.

Besonders für junge, noch wilde Hunde ist es schwierig, ihre Freude zu bremsen. Je mehr sie sich freuen, desto wilder werden sie. Sich zurückzunehmen ist in diesem Moment gar nicht so einfach. Gehört Ihr Hund dazu? Geben Sie ihm beim Betreten der Wohnung kommentarlos ein Kauspielzeug. Das gibt Ihrem Hund die Möglichkeit, seine Freude und den damit verbundenen positiven Stress abzubauen. Ignorieren Sie ihn solange, bis er sich von alleine beruhigt hat, erst jetzt gehen Sie zu ihm hin und begrüßen ihn mit langsamen Streicheleinheiten.

Auch Ihrem erwachsenen Hund können Sie die Begrüßung mit der Gabe eines Spielzeuges erleichtern. Wichtig ist vor allem, dass Ihre Wiederkehr niemals gefeiert wird.

Beruhigt Ihr Hund sich trotz des Kauspielzeuges nicht, können Sie ihn zusätzlich auf seinem Kissen anleinen, bis er dort zur Ruhe gekommen ist. Liegt er entspannt auf seinem Platz und hat die Begrüßungssituation vergessen, gehen Sie zu ihm hin und leinen ihn ab. Ist er weiterhin entspannt, dürfen Sie ihn kurz ruhig begrüßen.

Umgebung gestalten

Ein zwitschernder Vogel, spielende Nachbarskinder oder Einblick auf eine belebte Straße. All dies ist Alltag. Für Ihren Hund sind es vor allem Reize.

Niedrige Reizschwelle

Hüte- und Treibhunde sind gezüchtet worden, um auf feinste Reize zu reagieren. Diese niedrige Reizschwelle ist im Umgang mit Vieh von entscheidender Bedeutung. Nur, wenn ein Treibhund früh genug bemerkt, dass ein einzelnes Rind unruhig wird, kann er verhindern, dass die gesamte Herde durchbrennt. Nur, wenn ein Hütehund die gesamte Schafsherde im Blick hat, kann er verhindern, dass sich ein einzelnes Schaf verirrt.

Reize abschirmen

Auf Grund der niedrigen Reizschwelle ist zu empfehlen, dass die Umgebung zu Hause auf eine Art gestaltet wird, die Ihrem Hund die Chance bietet, zwischendurch zur Ruhe zu kommen. Das Hundekissen sollte im besten Fall in einer Ecke liegen, die Ihrem Vierbeiner keinen direkten Einblick in spannende Orte, wie Küche oder Haustür bietet. Auf diese Weise kann er sich entspannen, wenn er auf seinem Platz liegt.

Haben Sie viele Nachbarskinder und reagiert Ihr Hund auf diese, sollten Sie sich überlegen, gegebenenfalls einen Sichtschutz aufzustellen. Ein geschlossener Zaun oder Büsche verhindern, dass Ihr Hund die Kinder beim Rennen beobachten kann. Hüteverhalten auf Menschen, besonders auf Kinder, sollte dringend vermieden werden! Ein Border Collie, der wiederholt spielende Kinder umkreist oder geduckt in deren Richtung starrt, scheint auf den ersten Blick nicht gefährlich zu sein.

Vom Hüten zum Jagen

Allerdings gehören Hüte- und Treibverhalten zum Jagdverhalten. Beim Hüten und Treiben wird die Jagdkette jedoch nicht vollständig beendet. Je nach Rasse sollte sie z. B. beim Border Collie beim Anpirschen stoppen und beim Cattle Dog beim Flankenbeißen. Das letzte Element der Jagdkette (siehe Seite 102), das Töten, ist beim Hüten und Treiben nicht mehr inbegriffen. Der Zusammenhang zwischen Hüten bzw. Treiben und Jagen sollte jedem Hundehalter trotzdem immer bewusst sein.

Reize dosieren

Sorgen Sie dafür, dass Ihr Hund nicht zu vielen Reizen auf einmal ausgesetzt ist und geben Sie ihm Zeit, sich von Reizen zu erholen. Hat er trotz einer reizarmen Umgebung Schwierigkeiten, sich zu ent-

Das Liegen auf dem Kissen muss sich lohnen.

spannen? Helfen Sie ihm, indem Sie ihn anleinen und seinen Bewegungsradius beschränken. Sobald er zur Ruhe gekommen ist, können Sie ihn wieder losbinden. Das Festbinden soll keine Strafe darstellen, sondern ihm die Chance geben, sich zu entspannen. Manchmal müssen Hüte- und Treibhunde zu ihrem Glück gezwungen werden. Denn wer den ganzen Tag die Umgebung abscannt, ist zu vergleichen mit einem Menschen, welcher zu viel Koffein intus hat und aufgedreht umherläuft. Die Leistungsfähigkeit sinkt und Fehlverhalten schleicht sich ein.

Türklingel

Die Türklingel schellt. Ihr Hund rennt wild bellend in Richtung Haustür. Ob die Nachbarin, der Briefträger oder ein Besucher – jeder wird lautstark begrüßt. Wollen Sie das so haben?

Wie reagieren?

Überlegen Sie, wie Ihr Hund sich verhalten soll, wenn es klingelt. Besitzen Sie ein abgelegenes großes Haus am Waldrand und wollen, dass Ihr Hund bellt, wenn jemand das Grundstück betritt?
Oder wohnen Sie in einem Mehrfamilienhaus mit kleinen Kindern und Mitbewohnern, welche im Schichtdienst arbeiten und daher tagsüber gerne ungestört schlafen möchten?

Das Ziel

Die Türklingel soll nicht zum Auslöser der wilden Ankündigung eines Besuchers werden.

Leberwurst als Jackpot, Nuria findet es super.

Was Sie dafür brauchen:

- Neuer Klingelton
- Hilfsperson
- Lieblingsfutter Ihres Hundes

Schritt für Schritt

1. Hat Ihr Hund bereits Bellen und wildes Rennen in Richtung Haustür mit der Türklingel verknüpft, starten Sie das Training am einfachsten mit einem neuen Klingelton. Bei vielen Türklingeln können unterschiedliche Klingeltöne eingestellt werden. Mit dem neuen Ton dürfte Ihr Hund sich zunächst nur neutral verhalten. Damit ist das unerwünschte Verhalten vom alten Klingelton vorerst nicht mehr da.
2. Bringen Sie Ihrem Hund nun bei, wie er sich beim Ertönen der neuen Klingel verhalten soll. Im folgenden Beispiel wird erläutert, wie das Läuten der Klingel für Ihren Hund zum Signal wird, auf sein Hundekissen zu gehen, sich dort hinzulegen und so lange zu warten, bis Sie ihm erlauben, aufzustehen.

- Sie brauchen eine Hilfsperson, die klingelt und eine Menge Lieblingsfutter Ihres Hundes. Ihr Hund sollte bereits gelernt haben, auf sein Hundekissen zu gehen und sich hinzulegen. Sie haben sich mit Ihrer Hilfsperson abgesprochen und befinden sich mit dem Futter ausgestattet in der Nähe des Hundekissens. Ihr Hund hält sich in Ihrer unmittelbaren Nähe auf.
- Sobald die Klingel ertönt, geben Sie Ihrem Hund einen Jackpot auf dem Hundekissen. Sie brauchen ihm keine weiteren Hilfen geben. Sie wiederholen dies in Zeitabständen von ca. 3 Minuten mindestens 15 Mal. Läuft Ihr Hund mittlerweile bereits beim Ertönen der Klingel zu seinem Kissen, weil er Futter erwartet? Diese Übung sollte zu unterschiedlichen Zeiten einige Male wiederholt werden. Als nächstes vergrößern Sie Ihren Abstand zum Kissen, später können Sie anfangen, Haushaltspflichten nachzugehen. Die Klingel wird ein immer stärkeres Signal für einen Jackpot.

Für ein fruchtbares Training sollte mindestens zwei Wochen intensiv geübt werden. Stellen Sie außerhalb der Trainingszeiten die Türklingel ab und heften Sie einen Zettel an die Haustür mit Ihrer Telefonnummer. Auf diese Weise können Sie weiterhin problemlos Besuch empfangen, ohne Ihren Trainingserfolg zu gefährden.

Info

Mehrere Jobs

Hüte- und Treibhunde waren je nach Rasse zeitgleich auch Hofhunde, zu deren Aufgaben es auch gehörte, den Hof zu bewachen, z. B. Australian Cattle Dog, Australian Shepherd und Appenzeller Sennenhund.

Bindungsaufbau

Egal ob Gebrauchshund oder Familienhund. Ein Hüte- und Treibhund ist ein hochgradig eigenständig denkender Hund. Nur dadurch ist er in der Lage, eine Herde zu hüten und zu treiben.

Regeln und Aufgaben

Müsste sein Mensch ihm jeden Arbeitsschritt erst vorher ansagen, würde er wohl kaum für die Arbeit am Vieh geeignet sein. Eigenständigkeit ist daher erst einmal auch bei einem Hund eine gute Eigenschaft. Doch damit ein harmonisches Miteinander stattfinden kann, ist es wichtig, dass Ihr Hund schnell die wichtigsten Regeln lernt. Denn neben einer großen Eigenständigkeit ist der Hüte- und Treibhund zeitgleich sehr zuverlässig. Wenn er weiß, was seine Aufgaben sind, wird er diese unermüdlich bis zum Ende durchführen. Es liegt an Ihnen, ihm diese Aufgaben zu erklären. Diese Hunde wollen arbeiten und Verantwortung übernehmen. Geben Sie ihnen daher eine Aufgabe, in welcher sie ihren Arbeitsdrang befriedigen können. Allerdings möchten sie es gemeinsam mit ihrem Menschen tun.

Ein Team sein

Gerade wegen der Eigenständigkeit ist auch eine gute Bindung zum Menschen notwendig, damit der Hund auch ein Teamplayer ist. So hüten z. B. mehrere Kelpies, welche sowohl den Hüte- als auch den Treibhunden zugeordnet werden, als Gruppe eine ganze Schafherde. Die Kelpies kommunizieren untereinander, der Schäfer gibt keine Anweisungen, sondern sagt ihnen lediglich die Richtung an, in welche die Herde getrieben werden soll. Dies ist ein schönes Beispiel für Einzel- sowie für Teamleistung.

Vertrauen

Wer eine gute Bindung besitzt, der hat auch Vertrauen. Wenn eine überraschende Situation aufkommt, vertraut ein Hund mit einer guten Bindung seinem Menschen, dass sein Mensch die Situation unter Kontrolle hat. Der Hund ist nicht gezwungen selbstständig zu handeln, sondern kann sich auf seinen Menschen verlassen. Impulsivität wird hierdurch gebremst, da die Aufgabe auf feinste Reize zu reagieren im Verantwortungsbereich des Menschen liegt.

Auf den folgenden Seiten werden verschiedene Möglichkeiten erläutert, wie Sie die Bindung zu Ihrem Hund verbessern können.

Tipp

Stärken zeigen

Wenn jeder sich auf seine eigenen Stärken konzentriert und diese ausführen darf, können Sie mit Ihrem Hüte- und Treibhund beeindruckende Erfolge erzielen. Sei es durch die Arbeit am Vieh, beim Hundesport oder im harmonischen Miteinander im Alltag.

Blickkontakt suchen

Die Zusammenarbeit von Hund und Mensch gelingt nur, wenn sie miteinander kommunizieren und aufeinander achten. Ziel ist, dass der Hund immer wieder von alleine Blickkontakt zu seinem Menschen sucht.

Das Ziel

Für ein gelungenes Miteinander ist es wichtig, dass Sie Ihrem Hund vertrauen können. So müssen Sie ihn nicht immer beobachten oder ihm anschauliche Signale geben. Mit den folgenden kleinen Übungen können Sie Ihrem Hund zeigen, dass es sich für ihn lohnt, Blickkontakt zu Ihnen zu suchen.

Was Sie dafür brauchen

› kleine Futterstücke.

Tipp

Es lohnt sich

Ich kann es gar nicht oft genug betonen: Hunde zeigen Verhalten wiederholt, wenn es sich für Sie lohnt. Wenn Sie daher möchten, dass Ihr Vierbeiner zu Ihnen Blickkontakt sucht, dann muss es sich für ihn lohnen.

Anschauspiel, Schritt für Schritt

1. Stellen Sie sich gegenüber Ihres Hundes hin. In Ihrer rechten Hand halten Sie ein Stück Futter. Führen Sie die Hand vor die Nase des Hundes.
2. Sobald er Interesse an dem Futter zeigt, strecken Sie die Hand seitlich nach oben von ihm weg. Ihr Hund sollte gleichzeitig nicht in der Lage sein, sowohl auf die Hand zu achten, als auch in Ihre Richtung zu blicken.
3. Sobald Ihr Hund den Blick von der Hand mit dem Futter wendet, loben Sie ihn und geben ihm das Futterstück. Er muss im Laufe der Übung immer mehr in Ihre Richtung schauen, bevor er das Futter erhält. Hat Ihr Hund das Spiel verstanden? Sie erkennen dies, indem Ihr Hund sofort in Ihre Richtung blickt, sobald Sie Ihren Arm zur Seite nehmen.
4. Überlegen Sie sich weitere Situationen (z. B. das Öffnen der Terrassentür oder vor dem Ableinen auf einem Spaziergang), in welchen Ihr Hund erhält, was er sich wünscht, nachdem er Sie angeschaut hat. Die Übung kann bei einem verspielten Hund natürlich statt mit Futter auch mit Spielzeug durchgeführt werden.

Anschauen belohnen

Belohnen Sie ihren Hund in den unterschiedlichsten Situationen, wenn er Sie im Alltag anschaut. Seien Sie kreativ in der Belohnung und versuchen Sie, Ihren Hund zu überraschen. Werfen Sie beispielsweise ein Spielzeug oder starten Sie ein Rennspiel.

Je weniger berechenbar Sie für Ihren Hund sind, desto spannender werden Sie für ihn. Ihr Hund wird immer häufiger in Ihre Richtung schauen, er möchte schließlich nichts verpassen. Ein aufmerksamer Hund, welcher auf Sie achtet, ist die Folge.

Ein fester Blick – wenn aus Futter Bindung wird.

Orientierung am Menschen

Ob Lassie, Tim und Struppi oder Kommissar Rex. In Filmen folgen Hunde immer ihren Herrchen, egal wohin diese gehen. Alles nur Show?

Das Ziel

Natürlich sind die Tiere trainiert und die Szenen nachgestellt, aber auch Sie können aus Ihrem Hund einen treuen Freund machen, welcher nicht von Ihrer Seite weicht. Ihr Hund orientiert sich an Ihnen und er lernt, Ihnen ohne Worte zu folgen. Sie und Ihr Hund zeigen der Welt durch ein unsichtbares Band, dass Sie unzertrennlich sind und dass nichts Sie auseinanderbringen kann.

Was Sie dafür brauchen:

- Das Lieblingsfutter Ihres Hundes
- Dein Lieblingsspielzeug
- Ggf. eine 5-Meter-Leine

Schritt für Schritt

Voraussetzung zum Trainieren der Orientierung ist das Training auf Blickkontakt, und Ihr Hund muss bereits aus leichten Situationen abrufbar sein. Außerdem muss er öfters von sich aus zu Ihnen auch draußen Kontakt aufnehmen, ansonsten ist die Übung noch zu schwer für ihn. Geht Ihr Hund jagen, so muss zunächst ein Anti-Jagd-Training absolviert werden (siehe Seite 104).

Bevor die erste Übung beginnt, sollten Sie sich ehrlich überlegen, wie gut Ihr Hund bereits auf Sie hört. Ansonsten könnten andere Spaziergänger sich beispielsweise belästigt fühlen, wenn er zu ihnen hinläuft und nicht abrufbar ist. Wenn Sie sich unsicher sind, leinen Sie Ihren Hund mit einer 5-Meter Leine am Geschirr an, bis Sie Ihren Hund einschätzen können. Suchen Sie sich einen ruhigen Ort zum Üben, der gut überschaubar ist, sodass andere Menschen oder Tiere frühzeitig gesehen werden können. Am besten eignet sich hierzu eine große abgelegene Wiese, fern von großen Straßen oder beliebten Wanderwegen.

1. Nachdem Sie mit Ihrem Hund einige Meter auf der Wiese mit Leine gegangen und überzeugt sind, dass keine Ablenkung in der Nähe ist, leinen Sie Ihren Hund ab. Von nun an soll er sich nicht weiter als fünf Meter von Ihnen entfernen.
2. Sobald Ihr Hund sich weiter als fünf Meter von Ihnen entfernt, sagen Sie laut „Stopp“ und rennen in die entgegengesetzte Richtung. Ist Ihr Hund wieder innerhalb Ihres 5-Meter-Kreises, gehen Sie entspannt in die zuvor gestartete Richtung weiter.

Jedes Mal, wenn Ihr Hund außerhalb des fünf-Meter-Radius gerät, rufen Sie „Stopp“ und rennen wieder in entgegengesetzte Richtung. Ihr Hund wird sich mit der Zeit immer länger in Ihrer Nähe aufhalten.
Verlässt Ihr Hund die fünf-Meter-Marke-nicht, belohnen Sie Ihn. Sie können Ihn mit dem Lieblingsfutter belohnen oder eine Runde mit seinem Spielzeug mit ihm spielen.

3. Wenn Sie es schaffen, dass Ihr Hund auf einer abgelegenen Wiese einen ganzen Spaziergang lang in Ihrer unmittelbaren Nähe bleibt, können Sie die Anforderungen steigern. Wählen Sie nun einen leicht belebten und gut überschaubaren Feldweg aus. Belohnen Sie Ihren Hund, wenn er in Ihrer Nähe bleibt. Rufen Sie „Stopp“ und rennen Sie in die entgegengesetzte Richtung, sobald er den Radius verlässt. Begegnet Ihnen ein Spaziergänger auf dem Weg, leinen Sie Ihren Hund frühzeitig an und geben Ihm viel Futter dafür. So lohnt es sich für ihn, bei Begegnungen zu Ihnen zu laufen.

Wichtig

Vorausschauend spazieren

Gehen Sie bei dem Spaziergang immer auf Nummer sicher. Vorsicht ist besser, als sich später entschuldigen zu müssen, wenn Ihr Hund doch einmal zu anderen Menschen hingelaufen ist. Mit der Zeit werden Sie aber Ihren Hund lesen und richtig einschätzen können. Zudem lernt Ihr Hund, sich an Ihnen zu orientieren.

Vertrauen lernen – Blind Date

Hüte- und Treibhunde zeichnen sich besonders durch einen großen Hang zur Selbstständigkeit aus. In Bruchteilen von Sekunden müssen sie Entscheidungen treffen und handeln.

Vertrauen spielend üben

Eine ständige Absprache mit dem Hirten stünde einer effektiven Arbeit am Vieh im Wege. Bis der Hirte dem Border Collie mitteilt, wie er die Schafe zu hüten hat, könnten die Schafe die Zeit nutzen, um sich von der Herde zu entfernen. Durch das selbstständige Denken und Handeln kann sich der Hirte währenddessen um andere Aufgaben kümmern. Dafür muss er aber auch dem Geschick seines Hundes vertrauen.

Heutzutage tun wir Menschen uns mit Vertrauen sehr schwer. Am liebsten wollen wir alles selber regeln. Dies führt dazu, dass wir viele Aufgaben nur oberflächlich bearbeiten. Wir haben zu wenig Zeit, um alles korrekt zu erledigen. Fehler aufgrund der großen Anforderungen sind die Konsequenz. Aber wäre es nicht viel sinnvoller, wenn jeder die Aufgaben erledigt, in welchen er richtig gut ist? Es muss natürlich jemanden geben, der das Kommando führt und die Aufgaben koordiniert, sodass man Teil eines großen Ganzen wird.

Das Ziel

Diese Idee lässt sich problemlos auf das Zusammenleben von Hund und Mensch übertragen. In vielen Bereichen ist Ihr Hund bereits ein Profi. Sie haben überhaupt keine Chance, überall mit ihm mithalten zu können. Seine Beobachtungsgabe, seine Nase und Wendigkeit sind nur Beispiele, wo er Ihnen weit voraus ist. Warum vertrauen Sie also nicht auf das Können Ihres Hundes? Warum geben Sie ihm keine Aufgaben, bei deren Ausführung er der Profi sein darf? Mit diesem Spiel festigen Sie Ihr Vertrauen zum Können Ihres Hundes.

Was Sie dafür brauchen:

- Absperrband oder ein Seil
- einen Schal
- eine Hilfsperson.

Schritt für Schritt

Voraussetzung ist, dass Ihr Hund bereits verschiedene Verhaltensweisen, wie „Sitz“ oder „Platz“ beherrscht.

1. Binden Sie das Absperrband zwischen zwei Bäumen fest. Nehmen Sie Ihren Hund an die Leine. Eine Hilfsperson bindet Ihnen mit dem Schal die Augen zu und führt Sie zum Absperrband.

Vertrauen kann man lernen; Sie werden von Ihrem Hund überrascht sein!

2. Gehen Sie nun gemeinsam mit Ihrem Hund das Absperrband entlang. Damit Sie eine gerade Bahn laufen, können Sie sich an dem Band festhalten. Stoppen Sie zwischendurch und geben Sie Ihrem Hund ein Signal. Was glauben Sie: Legt Ihr Hund sich sofort hin, wenn Sie „Platz“ sagen? Wenn Sie meinen, dass Ihr Hund sich hingelegt hat, gehen Sie weiter. Geben Sie Ihrem Hund verschiedene Signale und schätzen Sie jeweils ab, ob er sie ausgeführt hat oder nicht.
3. Die Hilfsperson teilt Ihnen im Anschluss ihre Beobachtungen mit. Können Sie Ihrem Hund jetzt mehr vertrauen?

Tipp

Das Spiel filmen

Für Sie wird es noch spannender, wenn das Spiel gefilmt wird. Sie werden von Ihrem Hund überrascht sein, wenn Sie sich die Aufnahmen anschauen!

Alter Hund, na und?

Nur, weil der Hundesenior gelernt hat, Reize gelassen hinzunehmen, heißt dies noch lange nicht, dass er keine Bedürfnisse mehr hat.

Vom Welpen zum Senior

Der vierbeinige Freund wird im Allgemeinen als Welpe in die Familie aufgenommen. Bereits innerhalb weniger Wochen ist aus dem zunächst vorsichtigen, tollpatschigen kleinen Kerl ein schlaksiger, wilder Raufbold geworden. In dieser Zeit ist er oft nur schwer müde zu bekommen. Sein Kopf hat teilweise Probleme, alle Reize, die auf ihn einprasseln, richtig zu verarbeiten. Ungestüm reagiert er oft vorschnell und impulsiv.

Mit zunehmenden Alter wird jeder Hund ruhiger und gelassener. Ein Junghund zeigt seinem Menschen seine Bedürfnisse meist deutlich. Durch Ziehen an der Leine teilt er ihm mit, in welche Richtung er gerne gehen möchte. Mit aufgeregtem Bellen verdeutlicht er, dass er liebend gerne dem Ball hinterherfetzen will. Beim Anspringen demonstriert er, wie groß seine Wiedersehensfreude bei der Begrüßung ist. Aber wie ist dies bei alten Hunden?

Seniorengerecht

Viele alte Hunde haben Bedürfnisse, die sie aber nicht mehr ausdrucksstark ihrem familiären Rudel mitteilen. Es ist daher Ihre Aufgabe, Ihrem alten Hund die Möglichkeit zu geben, seine Bedürfnisse zu befriedigen. Im Allgemeinen gleichen die Bedürfnisse eines alten Hundes denen, als er noch jung war.

Geben Sie auch Ihrem alten Hund Aufgaben, um seinen Bedürfnissen gerecht zu werden. Passen Sie diese Aufgaben seinem Alter und Gesundheitszustand an. Aus einem wilden Zerrspiel kann ein Apportierspiel mit leichtem Zerren am Ende werden.

Auch Hundesportarten können seniorengerecht gestaltet werden: Die Hindernisse beim Agility können beispielsweise auf Tunnel, tiefergelegte Hürden und Slalom reduziert werden.

Tipp

Jung bleiben

Seien Sie erfinderisch und geben Sie Ihrem Hund das Gefühl, genauso jung und erfolgreich zu sein wie früher. Sie werden ein Strahlen in den Augen Ihres Seniors erkennen, wenn er trotz seines hohen Alters arbeiten darf!

Nur etwas tiefer, aber für Elenja eine pure Freude, sich weiter mit Frauchen beschäftigen zu können.

Übung macht den Meister

Anker legen

Das Leben ist ein spannendes Abenteuer. Wohin man auch schaut, überall kann man etwas Neues erleben. Wieso nicht auf Entdeckungstour gehen, Abenteuer erleben und Herausforderungen meistern?

Ein bombensicheres „Bleib"

Dies könnten die Gedanken Ihres Hundes sein. Und Sie können in gewisser Weise sicher verstehen, dass es ihm teilweise schwerfällt, dem Impuls nicht nachzugeben, einer Katze hinterher zu rennen? Dass er manchmal lieber wild durch den Wald fetzen würde, anstatt gesittet neben Frauchen zu gehen?

Das Leben ist meistens nicht ganz so einfach, dass Freiheit immer möglich beziehungsweise erwünscht ist. Unkontrolliertes Rennen des Hundes an einer Straße kann gefährlich für den Hund, aber auch für unsere Mitmenschen sein. Durch das Herumtoben im Wald kann Wild aufgescheucht und im Frühling ein Rehkitz von seiner Mutter getrennt werden. Das Einhalten von Regeln und Rücksichtnahme auf unsere Mitmenschen und auf andere Tiere ist daher von Nöten.

Das Ziel

Der Anblick einer Katze, ein herabfallendes Blatt von einem Baum oder ein Jogger können jedoch bereits Auslöser für ein solches Abenteuer für Ihren Hund sein. Ziel ist daher, die Reizschwelle bei Ihrem Hund anzuheben. Er soll zukünftig nicht jede Situation als ein neues Abenteuer auslegen, sondern sich stattdessen gelassen verhalten. Zeitgleich sollen Sie die Sicherheit erhalten, dass Sie Ihren Hund auch einmal hinlegen können, ohne die ganze Umgebung im Blick zu haben mit der Sorge, dass er jederzeit aufspringen und wild zu etwas hinrennen könnte.

Im Folgenden wird erläutert, wie Sie Ihrem Hund ein bombensicheres „Bleib" beibringen können. Er soll lernen, so lange auf einer von Ihnen bestimmten Stelle liegen zu bleiben, bis Sie ihm mitteilen, dass er wieder aufstehen darf. Auch wenn neben Ihrem Hund eine riesige Ablenkung stattfindet, hat er die Aufgabe, auf jeden Fall liegen zu bleiben.

Die Voraussetzungen

Das Verhalten wird durch das optische Signal verknüpft, sinnvollerweise ist das die auf dem Boden liegende Leine. Die Vorteile: Sie haben die Leine im Allgemeinen immer dabei und sie dient als optisches Signal zur Orientierung während der „Bleib"-Übung.

Damit Ihr Hund zuverlässig liegen bleiben kann, ist es wichtig, dass er gelassen warten kann. Rufen Sie deswegen niemals Ihren Hund ab, wenn er im „Bleib" in Kombination mit dem Signal der Leine ist. Voraussetzung für die Übung ist daher, dass Ihr Hund sich bereits auf Signal hinlegen kann.

Was Sie dafür brauchen:

› Leine
› Leckerlis

Info

Warum liegt der Hund?

Für das Verhalten für den Hund wird absichtlich die liegende Position („Platz") gewählt. Bei einer Ablenkung ist es unwahrscheinlicher, dass ein liegender Hund dem Objekt hinterherjagt, als wenn Ihr Hund sitzt oder steht. Ihr Hund sollte daher „Platz" bereits kennen und ausführen können.

Schritt für Schritt

1. Geben Sie ihm das Signal für „Platz". Legt er sich innerhalb von 2 Sekunden hin? Super! Geben Sie ihm Leckerlis.
2. Legen Sie die Leine auf den Boden und geben Sie Ihrem Hund unmittelbar danach das Signal für „Platz". Belohnen Sie ihn, wenn er sich innerhalb von 2 Sekunden hinlegt. Geben Sie ihm hierzu einige Leckerlis im Liegen zwischen die Vorderpfoten.
   Für ein zuverlässiges Bleib ist es wichtig, dass Sie Ihrem Hund sagen, dass er wieder aufstehen darf, wenn die Übung beendet ist. Heben Sie die Leine neben Ihrem Hund auf, lösen Sie das Liegen zusätzlich mit dem Wort „OK" auf und werfen ein Leckerli, sodass er aufstehen muss. Die Anzahl der Leckerlis im Liegen müssen allerdings deutlich höher sein, als die für das Aufstehen. Wiederholen Sie diesen Schritt mindestens 10 Mal.
3. Legen Sie nun die Leine auf den Boden und warten Sie einen Moment ab. Legt Ihr Hund sich alleine hin? Wenn ja, dann ist das Ablegen der Leine für Ihren Hund bereits zum Signal geworden.
   Legt er sich nicht hin, geben Sie ihm unmittelbar nach dem Ablegen der Leine das Signal zum Hinlegen. Wiederholen Sie diesen Schritt mindestsens 10 Mal. Geben Sie Ihrem liegenden Hund das Futter zwischen die Vorderpfoten. Achten Sie besonders auf das Auflösen des Liegenbleibens durch das Aufheben der Leine und das Wort „OK".

4. Ihr Hund muss nun immer länger liegen bleiben, bis er seine Belohnung von Ihnen erhält. Seien Sie vorsichtig im Training: Für ein bombensicheres „Bleib" ist es wichtig, dass Sie nichts riskieren. Lassen Sie Ihren Hund nur so lange liegen, wie er es auf jeden Fall schafft. Am besten wäre, wenn er liegen bleibt, solange die Leine auf dem Boden liegt.
5. Entfernen Sie sich nun immer weiter von Ihrem Hund. Auch hier gilt: nichts riskieren. Bleibt Ihr Hund liegen, bis sie ihm sagen, dass er aufstehen darf, haben Sie alles richtig gemacht. Geschieht trotz Vorsicht einmal ein Fehler, achten Sie in der nächsten Übungsrunde umso mehr darauf, dass Ihr Hund sicher liegen bleibt.
6. Sind eine gewisse Dauer und Entfernung keine Schwierigkeit für Sie und Ihren Hund? Dann wird es jetzt spannend. Ablenkung kommt als weitere Schwierigkeit hinzu. Auf der anderen Seite werden die Dauer und die Entfernung wieder minimiert, sodass Sie sich ganz auf die Ablenkung konzentrieren können. Sie kennen Ihren Hund am besten, was Ablenkung angeht. Für den Einstieg soll eine Ablenkung verwendet werden, die ihm nur einen kurzen Blickkontakt wert ist, beispielsweise täuschen Sie an, Ihren Schuh zuzubinden.
Klappt das, steigern Sie die Ablenkung. Königsdisziplin ist das Liegenbleiben, während ein Spielzeug geschmissen wird oder es an der Haustür klingelt.

Das Abbruchsignal

Ein funktionierendes Abbruchsignal kann für den ersten Moment die Rettung für jegliche Situationen darstellen. Aber was ist überhaupt ein Abbruchsignal? Was sind die Vorteile und was die Risiken?

Die Notfallversicherung

Ist Ihr Hund neugierig und steckt seine Nase in alle verborgenen Winkel hinein? Jagt er alles, was sich bewegt, ob ein vom Baum fallendes Blatt oder eine den Garten durchquerende Katze? Hinterfragt er gerne altbekannte Regeln, fällt teilweise zurück ins Welpenalter und trägt die heißgeliebten Schlappen auf Samtpfoten in sein Hundekissen, um dann genüsslich die Sohle anzuknabbern?

Ein Abbruchsignal besteht meistens aus einem Wort. Auf das Signal hin soll der Hund sofort das Verhalten abbrechen, welches er gerade zeigt oder – noch besser – gerade starten möchte. Im Alltag könnte dies folgendermaßen aussehen: Sie räumen nach dem Mittagessen die Spülmaschine ein. Ihr Hund nutzt die Gelegenheit und steckt seinen Kopf in die Spülmaschine, um die Essensreste von den Tellern abzulecken. Sie haben schon vermutet, dass er sich diese Chance nicht entgehen lassen möchte. Wie gut, dass Sie schon ein Abbruchsignal geübt haben. Und so sagen Sie „Nein“ und Ihr Hund stoppt sofort das Ablecken der Teller.

Alternativen bieten

Der Vorteil eines funktionierenden Abbruchsignals ist sehr groß. Sie können jegliches Verhalten Ihres Hundes sofort stoppen. Jedoch hat das Abbruchsignal auch seine Schwächen und Risiken. Im Beispiel der Spülmaschine hat Ihr Hund bisher nur verstanden, dass er in diesem Moment nicht die Teller ablecken darf. Er weiß allerdings noch nicht, wie er sich stattdessen verhalten soll. Damit ein Abbruchsignal wirklich fruchtet und einen längeren Effekt als ein paar Sekunden hat, ist es für Ihren Hund wichtig zu lernen, was er anstelle des abgebrochenen Verhaltens machen soll. So könnte seine Aufgabe z. B. sein, auf seinem Kissen zu warten, bis die Spülmaschine aus- und wieder eingeräumt ist.

Hergeben von Objekten

Ein Hund ist ein Beutejäger. Gerade Hüte- und Treibhunde sind sehr auf Beute fokussiert. Durch ihre frühere Aufgabe sind das Fixieren und das Anpirschen bis hin zum Beißen in die Flanken genetisch fest verankert.

Regeln für das gemeinsame Spiel

Dadurch sind Hüte- und Treibhunde auch sehr triebstark. Besonders die kernigen Treibhunde lieben es, hinter Bällen oder Frisbee-Scheiben herzufetzen. In Zerrspiele mit ihrem Menschen können sie sich richtig hineinsteigern. Für sie gilt das Motto: „Je wilder desto besser!" Damit Sie Ihrem Hund diese Freude machen können, ist es besonders wichtig, dass er lernt, Gegenstände wieder herzugeben. Er sollte auf das kleinste Signal von Ihnen sofort das Spielzeug ausgeben können. Ob er es Ihnen in die Hand gibt oder auf dem Boden fallen lässt, ist Ihre Entscheidung und reine Geschmackssache.

Spielregeln

1. Die Haut des Menschen ist immer tabu!
2. Das Spiel beginnt erst nach einem Startsignal.
3. Das Spiel endet mit dem Ausgeben des Spielzeuges.

Warum Regeln wichtig sind

Mögliche Spielregeln sind im Kasten aufgeführt, und auf den ersten Blick scheinen sie auch logisch zu sein. Im Alltag werden die meisten Regeln trotzdem schnell vernachlässigt. Dies kann fatale Folgen haben.

Regel 1: Die meisten Hundehalter achten auf deren Einhaltung.

Regel 2: Haben Sie Kinder oder Nachbarskinder? Falls ja, sollten Sie besonders auf das Einhalten dieser Regel achten. Hiermit verhindern Sie, dass Ihr Hund aus Unwissenheit mitspielen möchte, wenn die Kinder z. B. Seil springen oder Fangen spielen. Ihr Hund lernt, seinen ersten Impuls, dem Jagen und Schnappen von Beute, zu kontrollieren und sich zurückzunehmen.

Regel 3: Diese Regel darf nicht missverstanden werden: Sie bedeutet nicht, dass nach dem Ausgeben des Spielzeugs das Spiel komplett beendet ist. Vielmehr sagt Sie aus, dass der Hund nicht mehr nachhaken darf. Das Spiel in mehrere kleine Spielrunden zu unterteilen ist wichtig. Ihr Hund steigert sich somit in einer Runde nicht zu sehr in das Spiel hinein und hat die Gelegenheit, sich zwischen zwei Spielrunden wieder zu beruhigen.

Hier lernt er besonders, sich genauso schnell zu entspannen, wie er andererseits auch erregt werden kann.

Für alle Fälle

Unabhängig davon, ob Sie mit Ihrem Hund Zerrspiele spielen möchten oder nicht, sollten Sie ihm beibringen, Objekte wieder herzugeben.

Ihnen ist mit Sicherheit bereits aufgefallen, dass Sie Ihren Hund in Bruchteilen von Sekunden wunderbar von Null auf Hundert bringen können. Genauso schnell wie Sie dies können, schafft das auch seine Umwelt. Gerade ein Junghund, der voller überschüssiger Energie ist und dessen Selbstbeherrschung sich noch im Aufbau befindet, kann sich nicht immer kontrollieren. Schnell ist vielleicht der Putzlappen geklaut, weil er ein Verfolgungsspiel mit anschließendem Zerrspiel starten möchte.

Mit einem Signal zum Ausgeben beziehungsweise Fallenlassen von beliebigen Objekten können Sie dieses Übersprungsverhalten schnell beenden und der Alltag kann entspannt gemeinsam gestaltet werden.

Finja liebt das Zerrspiel. Mit einem funktionierenden „Aus“ macht es Frauchen umso mehr Spaß.

Das Ziel

Ihr Hund soll sofort auf das Wortsignal „Aus“ jeden beliebigen Gegenstand fallen lassen.

Was Sie dafür brauchen:

- Verschiedene Gegenstände
- Leckerlis

Schritt für Schritt

1. Sie stehen in unmittelbarer Nähe zu Ihrem Hund. Ihre Hand ist gefüllt mit seinen Lieblingsleckerlis. Sagen Sie das Wort „Aus“ und werfen unmittelbar danach alle Leckerlis in Richtung Ihres Hundes. Er darf diese sofort auffressen. Wiederholen Sie diesen Schritt 5 Mal.

Anstatt Futter kann auch ein weiteres Spielzeug zum Tauschen verwendet werden.

2. Wiederholen Sie Schritt 1. Sie benötigen einen Gegenstand, welchen Ihr Hund in sein Maul nimmt, aber gleichzeitig als nicht wichtig eingestuft wird, beispielsweise ein alter Ast. Sobald Ihr Hund den Gegenstand im Maul hat, sagen Sie das Wort „Aus“ und werfen einige Leckerlis in dessen Richtung.
   Lässt Ihr Hund den Gegenstand sofort fallen, bevor Sie ihm das „Aus“-Signal gegeben haben? Dann sind sie bereit für Schritt 3. Achten Sie aber darauf, dass Ihr Hund sich auch zwischendurch mit einem Trainingsgegenstand beschäftigen darf. Ansonsten lernt er, dass man jeden Gegenstand, den Sie ihm geben, sofort ausspucken muss.
3. Testen Sie, was Ihr Hund von der Übung verstanden hat: In Ihrer Hand befinden sich wieder einige gute Stücke Futter. Geben Sie Ihrem Hund den Gegenstand. Wenn er ihn einige Sekunden festhält oder mit diesem spielt, sagen Sie das Signal zum Ausgeben und warten Sie bis zu drei Sekunden ab. Lässt Ihr Hund innerhalb dieser Zeitspanne den Gegenstand fallen? Glückwunsch! Ihr Hund hat eine erste Idee. Wenn er ihn nicht fallen lässt, wiederholen Sie 5 Mal hintereinander Schritt 2.
4. Steigern Sie die Wichtigkeit der Gegenstände. Im Allgemeinen gilt, je weicher ein Gegenstand ist, desto angenehmer ist dieser im Hundemaul.

Yakajo wartet auf die fliegenden Futter-Stücke

Viele Hunde finden das Ausgeben von Quietschespielzeug sehr schwierig. Auch das Fallenlassen von Spielzeug nach einem wilden Zerrspiel ist eine große Herausforderung.

Der Weg zur Freiheit – Rückruf

Freiheit, ein Leben ohne Leine, lange Spaziergänge gemeinsam genießen. Damit dies nicht nur ein Traum bleibt, ist der Rückruf umso wichtiger.

Rückruf als Grundlage

Viele Menschen haben Angst vor freilaufenden Hunden, nicht alle Hunde vertragen sich untereinander und Fahrradfahrer können leicht stürzen, wenn ein Hund seine Fahrbahn kreuzt. Aus Rücksichtnahme zu den Mitmenschen ist ein funktionierender Rückruf unabdingbar, wenn der Wunsch eines Spaziergangs ohne Leine besteht.

Besitzt Ihr Hund einen guten Rückruf, spricht nichts gegen einen Ausflug ohne Leine. Denn sobald Sie in der Umgebung andere Personen oder andere Tiere wahrnehmen, können Sie Ihren Hund zu sich rufen und ihn notfalls anleinen.

Der Nebeneffekt

Damit der Rückruf zuverlässig funktioniert, sollte dieser auch immer belohnt werden. Aber aufgepasst: Ein guter Rückruf ist nicht alles. Er kann sogar negative Effekte erzielen, wenn Sie nicht aufpassen:

Hundehalter neigen dazu, Ihren Vierbeiner immer nur dann zu sich zu rufen, wenn in der Umgebung etwas passiert. Wenn also beispielsweise ein Fahrradfahrer oder ein anderer Hund zu sehen sind. Dies kann dazu führen, dass der Hund zunächst die Umgebung abscannt. Er erwartet einen Grund, warum er zu Ihnen zurücklaufen soll, dies macht den Rückruf unsicherer. Er beurteilt die Situation und entscheidet für sich, ob es sich lohnt, zu Ihnen zu laufen oder auf seine Umwelt zu reagieren, indem er z. B. zu einem anderen Hund läuft. Aus diesen Gründen ist es wichtig, dass Sie Ihren Hund häufiger zu sich rufen, ohne dass ein wichtiger Grund besteht. Außerdem sollten Sie Ihren Hund nach dem Rufen nicht immer anleinen. Der Rückruf soll auf keinen Fall das „Ende vom Spaß“ bedeuten.

Der Rückruf als Verstärker

Zudem dürfen Sie nicht vergessen, dass der Rückruf ein Verstärker für das Verhalten Ihres Hundes ist. Aber was hat dies zur Konsequenz? Damit der Rückruf zuverlässig funktioniert, ist es wie bereits erwähnt nötig, dass Sie Ihren Hund immer für das Zurücklaufen belohnen. Außerdem wissen Sie, dass Hunde alle Verhaltensweisen zeigen, welche sich für sie gelohnt haben. Für den Rückruf bedeutet dies, dass Ihr Hund, bevor Sie ihn zu sich rufen, irgendetwas tut. Und genau dieses Verhalten belohnen Sie mit dem Rückruf. Er wird also das

Verhalten vor dem Rückruf häufiger zeigen. Rufen Sie beispielsweise Ihren Hund immer, wenn er nach vorne lospirscht und sich von Ihnen zu entfernen droht, belohnen Sie indirekt das Verhalten, sich in einen immer größer werdenden Umkreis von Ihnen zu bewegen. Damit dies nicht passiert, ist es wichtig, dass Sie Ihren Hund möglichst in Situationen rufen, in denen er Verhalten zeigt, welches Sie auch zukünftig von ihm sehen möchten, zum Beispiel, wenn er in Ihre Richtung schaut.

Das Ziel

Wenn Sie das Rückrufsignal rufen, läuft Ihr Hund auf direktem Weg zu Ihnen.

Tipp

Such mich

Verstecken Sie sich häufiger während des Spaziergangs, sodass Ihr Hund Sie suchen muss, oder wechseln Sie spontan die Richtung, sodass Ihr Hund die Aufgabe erhält, sich an Ihnen zu orientieren und aufzupassen, wohin Sie gehen.

Was Sie dafür brauchen:

- Leckerlis
- Hilfsperson

Schritt für Schritt

1. Üben Sie zuerst in der Wohnung. Halten Sie Futter vor die Nase Ihres Hundes. Rufen Sie das Wort „Hier“ und rennen Sie so schnell wie möglich von Ihrem Hund weg. Ihr Hund wird dies als Spiel verstehen und hinter Ihnen herrennen. Nach ungefähr drei Metern bleiben Sie stehen und geben ihm das Futter. Wiederholen Sie diesen Schritt mindestens 10 Mal.
2. Wiederholen Sie Schritt 1, ohne Ihrem Hund vorher das Futter zu zeigen. Folgt er Ihnen sofort, üben Sie den nächsten Schritt. Ist er zögerlich, überlegen Sie, was die Ursache sein könnte und reagieren Sie auf diese. Ist Ihr Hund vielleicht müde oder satt? Wiederholen Sie diesen Schritt mindestens 10 Mal.
3. Nun befinden Sie sich weiter entfernt von Ihrem Hund, beispielsweise im Nachbarzimmer. Achten Sie darauf, dass Ihr Hund nicht abgelenkt ist. Am

Milla beobachtet die fliegenden Frisbee-Scheiben

besten liegt er auf dem Boden und befindet sich dabei im Halbschlaf oder durchquert das Zimmer.

4. Kommt Ihr Hund sofort zu Ihnen gelaufen, wenn Sie ihn in Ihrer Wohnung rufen, dann üben Sie nun im Garten. Hier ist die Ablenkung um einiges größer als innerhalb der Wohnung. Wiederholen Sie daher Schritt 1 unter immer größer werdender Ablenkung. Die Ablenkung sollte aber nie so groß sein, dass Ihr Hund nicht zu Ihnen gelaufen kommt. Er darf nicht lernen, dass man nicht kommen braucht, wenn man gerufen wird.
5. Nun soll Ihr Hund lernen, dass er sich gegen eine Ablenkung und für Sie entscheidet. Hierzu benötigen Sie eine Hilfsperson. Die Hilfsperson lenkt Ihren Hund mit Futter ab, ohne ihm was zu geben. Rufen Sie „Hier". Bei der ersten Reaktion Ihres Hundes, sich von der Hilfsperson abzuwenden, wirft die Hilfsperson das Stück Futter zu Ihnen. Ihr Hund erhält es von Ihnen als Belohnung. Zögern Sie die Übergabe des Futters immer weiter hinaus, bis Ihr Hund erst bei Ihnen angelangt ist. Auf diese Weise lernt Ihr Hund, sich von Ablenkungen zu lösen und zu Ihnen zu laufen.

Milla entscheidet sich gegen die Frisbees und für ihr Frauchen. Als Belohnung darf sie bei Frauchen mit einer Scheibe spielen.

Die Königsdisziplin – Reizangel

Bleib, Abbruch und das Loslassen von Gegenständen sind kein Problem für Sie und Ihren Hund? Dann können Sie sich jetzt an die Königsdisziplin wagen – der Reizangel.

Reizangel-Training

Die Reizangel ist ein ca. 1,5 Meter langer Stock, an welchem ein Spielzeug oder ein Stück Fell mit einer Schnur befestigt ist. Diese „Beute" können Sie je nach Interesse Ihres Hundes austauschen. An der Reizangel festgebunden, kann sie schnell in jede beliebige Richtungen bewegt werden. Auf diese Weise kann zum Beispiel das Hakenschlagen von einem Hasen mit einem Spielzeug modelliert werden. Ziel des Reizangel-Trainings ist die Beherrschung Ihres Hundes in jeder möglichen Situation.

Wichtig

Aufwärmen

Vor dem Üben mit der Reizangel müssen Sie Ihren Hund aufwärmen! Sonst können die kurzen, schnellen Bewegungen und das Laufen von engen Kurven zu Verletzungen führen. Gehen Sie daher vorher ca. 10 Minuten mit Ihrem Hund spazieren und beginnen erst dann mit dem Training.

Bevor Sie mit dem Üben beginnen, sollten Sie testen, wie spannend Ihr Hund die Reizangel findet. Bewegen Sie hierzu die Beute. Ihr Hund darf ihr hinterherfetzen. Ist er Feuer und Flamme? Dann haben Sie als Team eine neue Herausforderung gefunden. Mit der Reizangel können Sie das ganze Können Ihres Hundes unter Beweis stellen – auch der Spaß kommt nicht zu kurz.

Das Ziel

Ihr Hund soll in enger Kommunikation mit Ihnen die Beute der Reizangel jagen und dabei die Übungen „Bleib", „Abbruch" und „Aus" in Perfektion zeigen.

Was Sie dafür brauchen:

- Spielzeug oder ein Stück Fell
- Besenstiel
- Schnur

Aldoron jagt voller Freude die Beute.

Schritt für Schritt: Warten auf den richtigen Moment

Ihr Hund soll lernen, auf Ihr Startsignal zu warten und erst dann der Beute an der Reizangel hinterher zu jagen. Die Reizangel soll zum Ende hin schnelle, ruckartige Bewegungen machen können, während Ihr Hund entspannt wartet, bis er Ihre Erlaubnis zum Jagen erhält.

1. Geben Sie Ihrem Hund das Signal, sich hinzulegen. Sobald er liegt, sagen Sie „OK“ und bewegen die Reizangel, sodass Ihr Hund dieser hinterherjagt. Geben Sie ihm die Chance, die Beute zu ergreifen und tauschen Sie diese anschließend gegen ein Stück Futter.
2. Nun muss Ihr Hund einige Sekunden liegen bleiben, bis Sie „OK“ sagen, bevor er die Beute jagen darf. Findet er dies bereits zu spannend? Halten Sie den Gegenstand der Reizangel solange auf dem Arm, bis Ihr Hund einige Sekunden entspannt warten kann und beginnen Sie erst dann. Darf das Spielzeug der Reizangel bereits auf dem Boden liegen und Ihr Hund kann trotzdem einige Sekunden auf Ihr Startsignal warten? Super! Sie sind bereit für Schritt 3.
3. Ihr Hund liegt. Bewegen Sie ganz leicht die Reizangel, und zwar so, dass Ihr Hund noch liegen bleibt. Steht er auf, geben Sie ihm wieder das Signal zum Hinlegen. Bleibt er liegen, darf er die Beute hetzen. Achten Sie darauf, dass Ihr Hund entspannt ist, bevor Sie ihm das „OK“ geben. Ist er noch angespannt, gehen Sie zu Schritt 2 zurück.
4. Steigern Sie langsam die Bewegungen der Reizangel. Ihr Hund entwickelt dabei eine immer stärkere Selbstkontrolle.

Schritt für Schritt: Hetzen abbrechen

Ihr Hund soll auf Ihr Wort hin die Beute nicht weiter verfolgen, sondern sich stattdessen sofort hinlegen und auf Ihr Startsignal warten – Sie brechen das Hetzen ab.

1. Geben Sie Ihrem Hund das „OK“ zum Jagen der Beute. Ziehen Sie die Beute mit der Reizangel nach oben, sodass er sie nicht erreichen kann und fordern Sie ihn auf, sich hinzulegen. Sobald er liegt, erlauben Sie ihm wiederholt hinterherjagen. Legt sich Ihr Hund sofort hin, wenn die Beute ruhig in der Luft hängt und Sie Ihr Signal zum Hinlegen gegeben haben? Dann sind Sie bereit für Schritt 2.
2. Wiederholen Sie Schritt 1. Diesmal bewegt sich die Beute leicht in der Luft, während Ihr Hund die Aufgabe hat, sich hinzulegen.
3. Versuchen Sie nun, die Beute immer niedriger zu halten, bis Ihr Hund sich hinlegt – selbst dann, wenn die Beute sich nur leicht über den Boden bewegt.
4. Steigern Sie nun die Geschwindigkeit der Beute, bei welcher Ihr Hund das Jagen unterbrechen und sich hinlegen soll. Belohnung für das Abbrechen der Jagd ist immer die Erlaubnis, die Beute wieder verfolgen zu dürfen.

Schritt für Schritt: Auslassen der Beute

Jetzt lernt Ihr Hund, die Beute auf Ihr Signal wieder auszugeben. Sie können dies wie auf Seite 76 beschrieben üben oder mit dieser Alternative, für die Sie ein zweites Zerrspielzeug und Leckerli benötigen.

1. Sie und Ihr Hund spielen mit dem Zerrspielzeug. Tauschen Sie es anschließend mit Futter.

Mit festem Blick auf die Beute wartet Aldoron auf das Start-Signal zum Hinterherlaufen.

2. Geben Sie Ihrem Hund die Beute der Reizangel. Sobald er sie im Maul hat, sagen Sie aus und animieren ihn zu einem Spiel mit dem Zerrspielzeug. Ignorieren Sie dabei die Reizangel und zerren Sie wild mit Ihrem Hund.
3. Wiederholen Sie Schritt 2. Steigern Sie langsam die Erregung Ihres Hundes, indem Sie die Beute der Reizangel leicht bewegen. Dann geben Sie das „Aus"-Signal.
4. Lässt Ihr Hund die Beute der Reizangel sofort los und wendet sich Ihnen zu, um mit Ihnen zu zerren? Perfekt! Ab jetzt ist die Reizangel die Belohnung und nicht das Zerrspiel. Sobald Ihr Hund die Beute losgelassen hat, geben Sie im sofort die Erlaubnis, den Gegenstand der Reizangel zu jagen und bewegen die Beute an der Angel.

Der Abschluss

Kombinieren Sie das Warten, das Abbrechen des Jagens und das Ausgeben der Beute miteinander. Das Spiel mit der Reizangel ist nicht nur ein gutes Training für die Kondition, sondern auch eine gute Möglichkeit der Auslastung für den Kopf. Üben Sie daher nicht länger als 10 Minuten mit Ihrem Hund.

Tipp

Belohnung variieren

Legt Ihr Hund sich sofort auf Ihr Signal hin, darf er der Beute direkt wieder hinterherhetzen. Benötigt er mehr Zeit bis er liegt, muss er länger warten, bis er wieder losrennen darf.

Wenn der Hund in den Brunnen gefallen ist

Die Sache mit der Erregung

Hütehunde können Fluch und Segen zugleich sein. Sie sind überaus talentiert, doch wenn sie anderen Hunden bei der Arbeit zuschauen müssen, sind manche lautstarke Kläffer.

Instinktiv

Ist Ihr Hund zu Hause das perfekte Familienmitglied und läuft in Hundekursen in jeder Disziplin zur Hochform auf? Doch entspanntes Spazierengehen ist nur selten möglich, da er zu impulsiven Verhaltensausbrüchen neigt? Egal ob Fahrradfahrer, Jogger oder spielende Kinder – alles muss sich seiner Ansicht nach auf kontrollierten Bahnen bewegen. Ist dies nicht der Fall, reagieren viele Hüte- und Treibhunde instinktiv. Dies äußert sich je nach Rasse im Beißen von Fersen, im Jagen von Autos oder im Umkreisen spielender Kinder. Ein Hund, der schlagartig sein Gemüt zu ändern scheint und in Sekundenschnelle lautstark nach vorne prescht, ist nicht unbedingt ein angenehmer Begleiter im Alltag. Gerade dann, wenn jeder andere Hund aggressiv verbellt wird, würde man als Hundehalter liebend gerne im Erdboden versinken. Daher laufen diese Hund-Mensch-Teams oft deutlich früher am Morgen oder gehen abseits der üblichen Gassi-Runden spazieren, um unangenehme Begegnungen zu vermeiden.

Natürlich glaubt auch kein Beobachter dieses impulsiven Verhaltens, dass dieser Hund in der Familie der liebste Vierbeiner ist, den seine Menschen sich nur vorstellen können. Das Leben mit Hund könnte so schön einfach sein ...

Schnell handeln

Bellt Ihr Hund viel, springt er andere Menschen an oder zwickt sie sogar in die Fersen? All das gehört zu den Verhaltensweisen, die in unserer Gesellschaft nicht gerne gesehen werden. Beginnen Sie schnellstmöglich mit dem Training, damit Ihr Hund dieses Verhalten nicht verinnerlicht. Auf den folgenden Seiten wird erläutert, wie das geht.

Zuerst müssen Sie den Auslöser für das impulsive Verhalten des Hundes finden. Wenn Sie wissen, worauf Sie achten müssen, kann das Training beginnen. Der erste Trainingsschwerpunkt liegt im Verhindern von impulsiven Ausbrüchen. Ziel soll es sein, dass Sie Ihren Hund vorausschauend ablenken, sodass er immer die Beherrschung behält. Ist dies geschafft, konzentrieren Sie sich nicht mehr auf Schadensvermeidung, sondern lehren Ihren Hund, sich wünschenswert zu verhalten.

Denken Sie hierbei an Verhaltensweisen, die Ihr Hund zeigen soll und nicht an solche, die er unterlassen soll. Wenn Sie ihm nur etwas verbieten, ihm aber gleichzeitig keine Alternative bieten, überlassen Sie ihn hilflos sich selbst. Und er wird dann viel schneller in unerwünschte Verhaltensweisen hineinrutschen, da er nicht gelernt hat, was von ihm erwartet wird.

Info

Je nach Alter

Fehlverhalten abzugewöhnen geht bei Hunden jeden Alters. Bei einem älteren Vierbeiner dauert es jedoch länger als bei einem jungen Hund, der gerade die Welt erkundet und dabei vieles ausprobiert.

Nuria misstraut der Situation und bellt vorsichtshalber.

Anspringen

Anspringen kann verschiedenste Auslöser haben. Diesen gilt es, vor Trainingsbeginn zu erkennen. Denn nur dann können Sie den Auslöser vermeiden und das Anspringen dauerhaft abschalten.

Je nach Situation

Springt Ihr Hund Sie oder andere Menschen an, ist es wichtig, dass er niemals dafür belohnt wird. Kommt man beispielsweise von der Arbeit nach Hause und wird direkt im Flur von seinem Hund begrüßt, gibt es verschiedene Möglichkeiten, auf dieses Verhalten zu reagieren.

Situation 1

Sie freuen Sich über diese herzlich gemeinte Begrüßung und streicheln Ihren Hund, während dieser mit zwei Pfoten an Ihnen lehnt. Dies kann mit Sicherheit eine herzliche Begrüßung sein.

Wie schon auf Seite 48 erwähnt, dürfen Sie Ihrem Hund aber dann auch nicht böse sein, wenn er Sie anspringt und Sie gute Kleidung angezogen haben.
Am einfachsten ist es daher zunächst für sich zu entscheiden, ob der Hund generell anspringen darf oder nicht. Wenn Sie sich für „nicht anspringen" entscheiden, sollten Sie auch bei der Begrüßung darauf achten, dass sich alle vier Pfoten auf dem Boden befinden.

Situation 2

Sie kommen von einem anstrengenden Arbeitstag nach Hause. Als Ihr Hund Sie wedelnd an der Tür begrüßt und anspringt, reagieren Sie genervt und schubsen ihn weg. Er ist nicht beeindruckt und rennt weiter hinter Ihnen her. Schließlich reicht es Ihnen und Sie motzen Ihren Hund an, er solle jetzt endlich ruhig sein.

Ihr Verhalten ist gut nachvollziehbar, allerdings verschlimmern Sie die Situation. Ihr Hund bekommt Aufmerksamkeit – wenn auch keine, die von Ihnen nett gemeint ist – und könnte dies als Verstärker betrachten. Außerdem wird Ihre eigene Stimmung auch nicht gerade verbessert. Besonders für Situation 2 ist es wichtig, eine alternative Umgangsweise zu gestalten.

Situation 3

Ihr Hund wartet bereits auf Sie. Anstatt ihn direkt zu begrüßen, gehen Sie sich zunächst umziehen und trinken gemütlich ein Glas Wasser. Ihr Hund, welcher Ihnen zunächst gefolgt ist, hat sich mittlerweile in eine Ecke gelegt. Jetzt ist ein guter Moment, um seinen Hund zu begrüßen. Sie gehen zu ihm hin und streicheln ihn. Ohne viel Aufregung und Aktion lassen Sie ihn anschließend weiterschlafen.

Das zunächst sehr hart erscheinende Ignorieren des Hundes führt dazu, dass sowohl Ihr Hund aber auch Sie zur Ruhe kommen und so ein entspanntes Begrüßen möglich wird. Zudem hat es den großen Vorteil, dass Ihr Hund nicht in großer Erwartungshaltung die Zeit verbringt bis Sie wieder heimkehren, sondern sich entspannen kann. Er weiß, dass kein großes Begrüßungsfest bevorsteht. Ein Kommen und Gehen von Ihnen ist für Ihren Hund ganz normal.

Das Ziel

Ihr Hund soll das Anspringen dauerhaft unterlassen oder – noch besser – ausgeglichen sein, wenn Sie nach Hause kommen bzw. Gäste haben. Die oben beschriebene Situation 3 wird als Basisidee verwendet.

Was Sie dafür brauchen:

- Ggf. Hundekissen
- Leine
- Kauartikel

Schritt für Schritt

1. Ihr Hund befindet sich innerhalb der Wohnung. Verlassen Sie für einen kurzen Moment das Haus. Wenn Sie es wieder betreten, ignorieren Sie Ihren Hund zunächst: Bewegen Sie sich innerhalb der Wohnung, als wenn kein Hund da ist bzw. Ihr Hund Luft für Sie ist! Bedenken Sie, dass das Anschauen des Hundes bereits eine Beachtung ist.

2. Ist Ihr Hund zur Ruhe gekommen und beschäftigt sich bereits mit seinem Hundespielzeug oder hat sich entspannt in eine Ecke gelegt? Perfekt! Dann dürfen Sie jetzt zu ihm hingehen und ihn ruhig begrüßen. Ihr Hund steht auf diese Weise nicht bei der Begrüßung im Mittelpunkt. Sowohl er als auch Sie haben folglich Zeit, zu Hause entspannt zur Ruhe zu kommen.
3. Verlängern Sie die Zeit des Wegbleibens. Versuchen Sie beim Heimkehren möglichst gelassen zu sein und keine unnötige Hektik zu verbreiten. Je ruhiger und ausgeglichener Sie sind, desto entspannter ist auch Ihr Hund bei der Begrüßung. Sobald er verstanden hat, dass das anfängliche Ignorieren ein neues Begrüßungsritual ist, wird er Sie dementsprechend zur Ruhe kommen lassen und sich selber immer schneller gelassen hinlegen. Schließlich wird auch er dann entsprechend schneller beachtet und begrüßt werden.
4. Wenn Besuch kommt, ist dies nicht so einfach möglich: Denn nicht jeder Gast kann einen Hund ignorieren und vor Betreten des Hauses immer eine Erklärung geben zu müssen, ist auf Dauer unpraktisch. Die Lösung: Schicken Sie Ihren Hund auf sein Kissen. Dort soll er bleiben, bis der Besuch sich gesetzt hat.

Mit einem Ball im Maul kann Happy ihren positiven Stress beim Begrüßen direkt abkauen.

Wenn das Warten auf dem Kissen eine zu große Herausforderung für Ihren Hund ist, können Sie ihn dort anleinen. Leinen Sie ihn erst wieder ab, wenn er sich vollständig entspannt hat. Ist er noch aufgeregt, muss er weiterhin bei seinem Kissen warten.

Bevor Sie Ihren Hund ableinen, erklären Sie Ihren Gästen, dass Sie mit ihm üben, mit allen vier Pfoten auf dem Boden zu bleiben und bitten Sie sie, ihn nicht zu beachten. Wenn der Hund es schafft, mit allen vier Pfoten auf dem Boden zu sein, darf der Besuch natürlich auch den Hund begrüßen.

Tipp

Kauen entspannt

Hat Ihr Hund generell Schwierigkeiten, zur Ruhe zu kommen? Geben Sie ihn einen Kauknochen oder ein Kauspielzeug. Denn Kauen hilft zu entspannen, Ihr Hund kann schneller seinen Stress abbauen und sich beruhigen. Sie können ihm den Kauartikel direkt beim Läuten der Türklingel auf seinem Kissen geben oder lassen es ihm generell zur freien Verfügung.

Bellen

Das Melden von Besuchern und Eindringlingen gehörte je nach Rasse zu den Aufgaben von Hüte- und Treibhunden. Auch heute noch bewachen Sie lautstark das Grundstück.

Das richtige Maß

Früher lagen die einzelnen Höfe abseits. Die Hunde kündigten folglich wirklich nur Menschen an, die auf den Hof kamen. Heute stehen die Häuser in Wohngebiet direkt nebeneinander. Neben dem eigenen Grundstück werden meist auch das Nachbarhaus, das rege Treiben vor dem Haus und der Straßenverkehr beobachtet und Geschehnisse in der Nachbarschaft lautstark ankündigt. Ein ständiges Ankündigen und Verbellen von Menschen ist daher stark übertrieben, zudem könnten Nachbarn in ihrer Ruhe gestört werden.

Ein Kläffer?

Wenn Ihr Hund zum Bellen neigt, sollten Sie sich zunächst fragen, was die Aufgabe Ihres Hundes sein soll. Darf er überhaupt nicht bellen? Darf er nur bellen, wenn jemand das eigene Grundstück betritt? Wie lange darf er bellen?

Ihrem Hund das Bewachen abzugewöhnen, wäre nicht einfach und würde ihn stark in seiner Genetik einengen. Damit trotzdem ein ungestörtes Leben im Einklang mit der Nachbarschaft möglich ist, können Sie z. B. folgende Vereinbarung treffen: Der Hund darf generell Besucher mit Gebell ankündigen. Sobald er aber von seinem Menschen signalisiert bekommt aufzuhören, hat er das Gebell einzustellen.

Das könnte so aussehen: Cattle Dog Bounty läuft im Garten und beobachtet die Umgebung. Er schaut regelmäßig durch den Zaun zu den Nachbarn, verhält sich dabei jedoch ruhig. Dann hört er ein Auto in die Einfahrt fahren. Sofort läuft er in Richtung Auto und kündigt dessen Ankunft lautstark an. Frauchen hört das Gebell, öffnet die Terrassentür und ruft „Danke!“. Bounty weiß, dass sein Frauchen mitbekommen hat, dass Besuch da ist. Zur Belohnung für das Anschlagen bekommt Bounty einen Kauknochen. Sein Frauchen schickt ihn samt Knochen auf sein Kissen und hat nun Zeit, den Besuch zu empfangen. Bounty kaut genüsslich an seinem Knochen und je nachdem, welcher Gast das Haus betritt, darf er ihn begrüßen oder sich weiter im Garten aufhalten.

Bounty kündigt lautstark einen Fremden an.

Mit dieser Vorgehensweise haben Sie und die Nachbarn Ruhe, trotzdem darf Ihr Hund bewachen und ankündigen. Denn gelegentliches Bellen ist in jedem Wohngebiet erlaubt. Zudem sorgt der Hund für Sicherheit, schließlich meldet er nicht nur Besucher, sondern würde auch Einbrecher ankündigen.

Das Ziel

Sie können Ihren Hund, der in für ihn aufregenden Situationen gerne bellt, wieder beruhigen.

Was Sie dafür brauchen:

› Leckerlis

Schritt für Schritt

Sie sind mit Ihrem Hund in der Wohnung und haben einige Leckerlis in der Hand. Das Wort „Achtung“ soll Ihrem Hund zukünftig als Ankündigungssignal für eine große Chance dienen, sich leicht Futter verdienen zu können.

1. Halten Sie die Hand mit den Leckerlis vor die Nase Ihres Hundes. Hat er deren Geruch wahrgenommen? Nehmen Sie Ihre Hand wieder zurück und sagen Sie „Achtung“. Sobald Sie das Wort ausgesprochen haben, lassen Sie ein Stück Futter fallen. Ihr Hund darf es sofort fressen.
2. In dem Moment, in dem Ihr Hund das Leckerli gefressen hat und den Kopf nach oben nimmt, lassen Sie das nächste Futterstück fallen. Sie brauchen jetzt nichts mehr zu ihrem Hund sagen.
3. Wiederholen Sie Schritt 2. Zögern Sie dabei das Fallenlassen des Futters immer weiter hinaus, bis Ihr Hund zuerst in Ihre Richtung schaut, bevor er das nächste Stück Futter bekommt.
4. Frisst Ihr Hund das Leckerli auf und schaut nach dem Fressen sofort in Ihre Richtung? Perfekt! Jetzt sind Sie bereit für die nächste Runde. Wiederholen Sie die Schritte 1 bis 3 im Garten.
5. Stellt der Garten keine Schwierigkeit mehr dar? Dann geht es auf zum Spaziergang. Wiederholen Sie in einem ruhigen Moment nochmals die Übung.
6. Ab jetzt kann das Signal „Achtung“ als Hilfe gegen das Bellen verwendet werden. Beobachten Sie Ihren Hund genau. Zeigt er kleinste Anzeichen von Aufregung, sagen Sie „Achtung“ und lassen Futterstücke wie gewohnt hintereinander fallen, bis die aufregende Situation vorbei ist.
7. Arbeiten Sie nun daran, dass Sie immer näher an die aufregende Situation herankommen und Ihr Hund sich ruhig verhält. Das Herabsenken des Kopfes beim Fressen wirkt beim Hund automatisch beruhigend. Dies hat den Effekt, dass seine innerliche Erregung abnimmt und er die Situation als angenehm empfindet.

Nach direktem Abrufen vom Tor erfolgt auch die Belohnung.

8. Nun soll die Zeit zwischen den einzelnen Futterstücken vergrößert werden. Ihr Hund muss Sie folglich nach dem Fressen immer länger anschauen, bis er das nächste Stück Futter erhält. Müssen Sie an der spannenden Stelle vorbei? Kein Problem. Lassen Sie die Leckerlis auf dem Boden rollen. Ihr Hund kann diesen hinterherjagen. Hat er eins gefressen und schaut Sie an, wird das nächste Futterstück für ihn gerollt.

Tipp

Schnell handeln

Starten Sie mit der Übung beim kleinsten Anzeichen von Aufruhr und nicht erst, wenn sich Ihr Hund in die Situation hineingesteigert hat und kaum noch ansprechbar ist.

In die Fersen beißen

Jagt Ihr Hund gerne Ihre Beine, zwickt er in die Waden oder zerrt am Hosenbein? Beim Welpen wird das oft noch belächelt, doch wenn Sie Zähne spüren, ist das nicht mehr lustig.

Hunde, die zwicken

Warum zwicken Hunde? Die große Aufgabe von Hüte- und Treibhunden ist – natürlich – das Hüten und Treiben von Vieh. Ihr natürliches Bestreben ist das Lotsen von Tieren. Je nach Rasse geschieht dies mit unterschiedlicher Intensität. Während der Border Collie die Schafe durch Fixieren bewegt, treibt der Cattle Dog die Rinder durch gezielte Bisse in die Flanken. Ein guter Gebrauchshund hat das Gefühl für den richtigen Umgang mit dem Vieh in den Genen. Der Hirte bringt ihm nicht bei, wie er das Vieh zu treiben hat, er sagt ihm lediglich, wohin er es gerne hätte.

Wichtig

Erfolg dank Management

Nur, wenn der Alltag sorgfältig gemanagt wird, kann das Training dauerhaft von Erfolg gekrönt sein. Dann können Sie und Ihre Mitmenschen sich wieder frei bewegen, ohne Rücksicht auf den Hund nehmen zu müssen.

Die Kontrolle übernehmen

Sie sehen daher, dass beim Fersenbeißen gegen die Natur des Hundes angekämpft wird. Daher ist es wichtig, ihm so früh wie möglich die Regeln im Zusammenleben mit dem Menschen zu erklären. Das ist zwar auch noch beim älteren Hund möglich, dauert aber länger, als beim jungen Hund. Im Laufe des Trainings ist es wichtig, dass Sie Ihrem Hund nicht zu viel zumuten. Ihnen muss immer klar sein, dass impulsives Verhalten kopflos ist und Ihr Hund reflexartig reagiert. Da er nicht mit direkter Absicht versucht, Sie zu stoppen, dürfen Sie dieses Verhalten niemals persönlich nehmen. Er hat bis jetzt einfach noch nicht verstanden, dass das Zwicken von Menschen überhaupt nicht gewünscht und toleriert wird. Und da er sich noch nicht unter Kontrolle hat, müssen Sie dafür Sorge tragen, dass er nicht indirekt gezwungen wird, sich impulsiv zu verhalten. Schätzen Sie Ihren Hund ein und managen Sie entsprechend Ihren Alltag. Sind Sie noch am Anfang des Trainings, sollten Hektik, schnelles Gehen und Rennen vermieden werden.

Das Ziel

Sie haben nicht das Ziel „Nicht Fersenbeißen“, sondern Ihr Ziel ist z. B. die „aufrechte Bewegung des Hundes“ in allen möglichen Situationen.
Bei der Arbeit mit dem Vieh muss der Hund in geduckter Körperhaltung in die Fersen kneifen, um nicht getreten zu werden. Daher ist es sinnvoll, eine aufrechte Körperhaltung als Ziel zu setzen.

Info

Beibringen, nicht verbieten

Ziel aller Übungen ist es, einem Hund ein Verhalten beizubringen. Und nicht, ihm zu sagen, was er alles nicht darf.

Das Fersen-Kneifen kauft man sich beim Treibhund zunächst automatisch mit ein und muss erst wegtrainiert werden.

Was Sie dafür brauchen:

› Leckerlis

Schritt für Schritt

1. Sie stehen neben Ihrem Hund, in Ihrer Hand halten Sie Leckerlis. Verlagern Sie den Schwerpunkt Ihres Standes. Belohnen Sie Ihren Hund mit einem Leckerli, wenn er gelassen neben Ihnen verweilt.
2. Heben Sie nun beim Verlagern des Schwerpunktes langsam Ihr Bein an. Steht Ihr Hund mit allen vier Pfoten und aufrechter Haltung in Ihrer Nähe, geben Sie ihm ein Stück Futter. Das Leckerli kann einfach auf den Boden geworfen werden, sodass Ihr Hund zum Fressen den Kopf senken muss.
3. Starten Sie mit langsamen Bewegungen. Belohnen Sie Ihren Hund immer für eine gelassene Körperhaltung.
4. Ist Schritt 3 kein Problem? Steigern Sie langsam die Intensität Ihrer Bewegungen. Sie können entweder größere Bewegungen durchführen oder schneller werden.
5. Ihr Hund zeigt keinerlei Anzeichen für impulsives Verhalten? Super! Beginnen Sie mit zackigen Bewegungen. Das Spiel ähnelt einem „Stop and Go“. Wenn Sie merken, dass es schwieriger für Ihren Hund wird, geben Sie ihm mehr Zeit, sich zwischen den Übungsdurchgängen zu erholen. Bedenken Sie, dass ein langsames Vorgehen mit kontrolliertem Verhalten des Hundes um ein Vielfaches effektiver ist als ein risikoreiches Training mit vereinzelten impulsiven Verhaltensausbrüchen.
6. Vergrößern Sie nun die Abstände zwischen Ihren Bewegungen. Je größer die Pause ist, desto eher rutscht Ihr Hund in unkontrolliertes Verhalten hinein. Die Schwierigkeit im Training ist nun die Geduld. Innerhalb einer Trainingsrunde scheint er einen riesigen Lernerfolg zu haben, doch nach einer größeren Pause rutscht er relativ schnell wieder in sein impulsives Verhalten zurück.

Trainingsschwerpunkt ist daher, die Übung in das Unterbewusstsein Ihres Hundes zu versetzen. Wiederholen Sie mehrfach am Tag die Übung. Es ist dabei nicht wichtig, dass Sie immer von Schritt 1 bis einschließlich 6 gehen. Trainieren Sie maximal 30 Sekunden am Stück.
Für den Anfang sollte der Schwerpunkt auf den Schritten 1 bis 3 liegen. Ist dies innerhalb von 5 Durchgängen niemals ein Problem für Ihren Hund gewesen? Starten Sie mit Schritt 3 bis Schritt 5. Mit der Zeit können Sie bei Schritt 4 anfangen bis Sie später beim Schritt 6 angelangt sind.
Verallgemeinern Sie das Spiel. Suchen Sie sich aus Ihrem Freundeskreis Hilfspersonen aus, welche keine Angst vor Hunden haben. Üben Sie mit diesen das Spiel wie bereits erklärt.

Jetzt sind jegliche Bewegungen für Bounty kein Problem mehr.

Hüte- und Jagdverhalten

Ihr Hund soll ein Jagdhund sein? Diese Frage kann ich ohne Bedenken mit „Ja" beantworten, auch wenn er nach seinem ursprünglichen Verwendungszweck als Hüte- bzw. Treibhund kategorisiert wird.

Spezialisierung

Viele Hunderassen wurden im Laufe der Zeit durch die Zucht bewusst selektiert, sodass einzelne Bereiche des Jagdverhaltens spezialisiert und gut ausgeprägt sind. Mit Sicherheit haben Sie bestimmte Bereiche bereits an Ihrem Hund entdeckt, denn gerade bei den Hüte- und Treibhunden wird dies sehr deutlich. So ist z. B. der Border Collie ein Spezialist im Fixieren. Mit einem starren Blick kann er eine Herde unter Kontrolle halten. Ein Rind lässt sich allerdings nicht so leicht durch einen Blick einschüchtern und bewegen. Deswegen ist beim Australian Cattle Dog und beim Appenzeller Sennenhund neben dem Fixieren auch das Packen ausgeprägt. Da aber ein Hüte- und Treibhund die Herde sicher von Weide A nach Weide B bringen, dort hüten und natürlich auch beschützen soll, sind das Schütteln und Reißen von Vieh ein starkes Ausschlusskriterium in der Zucht. Die typische Verhaltenskette bei der Jagd muss bei den Hüte- und Treibhunden immer vorher abgebrochen werden.

Selbstbelohnend

Im Zusammenleben und im Training mit Ihrem Hund müssen Sie sich immer wieder bewusst machen, dass Hüteverhalten auch Jagdverhalten ist. Die Natur hat es so eingerichtet, dass Jagdverhalten und folglich auch Hüteverhalten immer selbstbelohnend ist: Die Hunde können Ihre Arbeit ins Unendliche fortsetzen, denn aus ihrer Sicht dürfen sie die schönsten Aufgaben der Welt ausführen. Dies ist der Grund, warum sie so gute Gebrauchshunde sind.

Info

Bereiche des Jagdverhaltens

Suchen,
Orten,
Verfolgen,
Fixieren,
Anpirschen,
Auswahl und Abtrennung der Beute,
Hetzen,
Packen,
Schütteln und Reißen.

Jagderfahrung vermeiden

Nimmt Ihr Hund auf dem Spaziergang eine Fährte auf und verfolgt diese, sammelt er Erfahrung beim Verfolgen. Kommen Sie mit Ihrem Hund ein paar Tage später an die gleiche Stelle, wird er mit großer Wahrscheinlichkeit wieder seine Nase einsetzen, um die Fährte erneut aufzunehmen. Neben der je nach Rasse unterschiedlich stark ausgeprägten Veranlagung des einzelnen Hundes hängt das Jagdverhalten auch von den individuellen Erfahrungen ab. Aufgepasst: Jagdverhalten ist immer selbstbelohnend. Bereits eine Erfahrung kann enorme Auswirkungen zur Folge haben.

Anti-Jagd-Training

Hat Ihr Hund seinen Jagdtrieb nicht unter Kontrolle? Erweitert er selbstständig seinen Aufgabenbereich und hütet neben Vieh auch Jogger, Fahrradfahrer und Autos? Starten Sie auf der Stelle mit dem Training. Mit jedem Jagdverhalten, ob erfolgreich oder nicht, wird das Verhalten Ihres Hundes stärker und schwieriger abzubrechen.

Solange das Jagdverhalten Ihres Hundes nicht kontrolliert ist, muss er draußen unbedingt an der Leine geführt werden. So ist er in der Auslebung seines Jagdverhaltens und im Jagderfolg eingeschränkt und Sie haben stärkeren Einfluss auf ihn.

Ziel

Ihr Hund lernt, Sichtreize, wie zum Beispiel bewegte Objekte oder rennende Personen, auszuhalten.

Was Sie dafür brauchen:

- einen für Ihren Hund mäßig interessanten Gegenstand, hier ein Ball.
- weitere, interessantere Gegenstände.
- eine Hilfsperson
- Leckerlis

Schritt für Schritt

1. Leinen Sie Ihren Hund ab. Die Hilfsperson legt den Ball auf den Boden. Sobald Ihr Hund den Ball wahrnimmt, locken Sie Ihren Hund mit einem Leckerli vor der Nase vom Ball weg in Ihre Richtung. Bei Ihnen erhält er in kleinen Häppchen seine Lieblingsleckerlis. Währenddessen hebt die Hilfsperson den Ball auf und hält diesen hinter ihrem Rücken fest. Wiederholen Sie diesen Schritt fünf Mal.
2. Dreht Ihr Hund sich bereits erwartungsvoll zu Ihnen um, während die Hilfsperson den Ball auf den Boden legt? Wenn ja, wechselt die Hilfsperson den Gegenstand. Statt des Balls kann Sie nun einen Knochen, ein Spielzeug oder eine leere Schüssel verwenden. Der Fantasie sind keine Grenzen gesetzt! Je unterschiedlicher die Gegenstände sind, umso einfacher kann Ihr Hund die Idee verallgemeinern, sich Ihnen zuzuwenden. Üben Sie, bis es mit liegenden Gegenständen funktioniert.
3. Beginnen Sie mit leichten Bewegungen, z. B. kann die Hilfsperson den Ball leicht rollen. Dreht Ihr Hund sich sofort in Ihre Richtung? Sehr gut, er hat das Spiel verstanden.

Gelassen wartet Milla am Wegrand, während Frauchen sich mit einem Radfahrer unterhält.

4. Die Hilfsperson versteckt sich, bevor sie den Ball rollt. Denn Ihr Hund darf nicht ahnen, dass es sich um eine gestellte Situation handelt. Schaut er dem Ball hinterher und kommt nicht auf die Idee, sich zu Ihnen umzudrehen? Dann ziehen Sie wie in Schritt 1 mit dem Leckerli vor der Nase zu sich. Überlegen Sie, ob es einen beweglichen Gegenstand gibt, der keine so große Herausforderung für Ihren Hund darstellt.
   Gehen Sie zum nächsten Schritt, wenn Ihr Hund sich bei neu erscheinenden, bewegten Gegenständen sofort zu Ihnen umdreht.
5. Üben Sie in verschiedenen Situationen. Belohnen Sie zunächst alle neu erscheinenden Gegenstände bzw. alle für Ihren Hund neuen Reize. Nehmen Sie dafür auf Spaziergängen genügend Leckerlis mit.
6. Dreht Ihr Hund sich bei neuen Reizen sofort in Ihre Richtung? Herzlichen Glückwunsch! Reduzieren Sie langsam das Belohnen schwacher Reize. Sie schleichen folglich die Futterbelohnung aus. Ich empfehle Ihnen aber, Ihren Hund immer zu belohnen, wenn er sich bei neuen, starken Reizen umdreht. So bleibt die schnelle Reaktion immer erhalten.

Anti-Hüte-Training

Liebt Ihr Hund es, Kindern beim Spielen zuzugucken? Folgt er Kindern auf Schritt und Tritt und umkreist diese gelegentlich? Von außen sieht das Verhalten meist harmlos, fast beschützend aus. Doch fixieren, folgen und umkreisen gehören zum Hüte- und somit zum Jagdverhalten und der Übergang ist fließend.

Laufen die Kinder plötzlich los, kann es sein, dass Ihr Hund versucht, sie als Herde zusammenzuhalten. Je nach Situation reicht dann aus Sicht des Hundes Fixieren nicht mehr aus und es kann sein, dass er die Kinder in die Beine zwickt (siehe Seite 98). Eine sehr unschöne Situation, denn die Kinder haben eine schlechte Erfahrung mit einem Hund gesammelt, eventuell sogar

Statt Kinder können auch ängstliche Personen als Trainingsschwerpunkt Ihres Hundes dienen.

blaue Flecken, und der Hund ist Opfer seiner Sinne geworden. Diese Situation kann und muss unbedingt vermieden werden – Kinder sollen für Hunde etwas Positives darstellen, trotzdem dürfen sie nicht zum Hüte- oder Jagdobjekt werden!

Ziel

Ihr Hund lässt Kinder in Ruhe spielen, ohne sich mit Ihnen zu beschäftigen.

Was Sie dafür brauchen:

- Kinder, die mit Ihnen üben
- Ein Seil (max. 3 Meter)

Schritt für Schritt

Dieses Training ist vor allem dann durchzuführen, wenn Ihr Hund droht, in Hüte- oder Jagdverhalten zu verfallen!

1. Die Kinder dürfen die Nerven des Hundes jetzt nicht überstrapazieren. Erklären Sie ihnen, dass es gemein ist, in seiner Nähe schnell zu laufen, weil er nicht mitspielen darf. Kinder haben im Allgemeinen Verständnis für diese Regel.
   Befestigen Sie das Seil an Leine oder Geschirr Ihres Hundes. Er darf sich innerhalb der Wohnung frei bewegen.
2. Sobald Ihr Hund in die Richtung eines Kindes schaut, stellen Sie sich ohne Kommentar auf das Seil. Schaut er wo anders hin, geben Sie das Seil sofort frei. Treten Sie auch auf das Seil, wenn sich Ihr Hund in die Richtung der Kinder bewegt.
   Er wird schnell merken, dass ihm die Bewegungsfreiheit entzogen wird, wenn er sich für die Kinder interessiert. Auf Dauer wird er ihnen aus dem Weg gehen.
3. Als Familienmitglied sollte Ihr Hund in die ganze Familie eingebunden sein, auch zu den Kindern. Es ist also wichtig, dass er sie nicht nur meidet. Rufen Sie ihn zwischendurch zu den Kindern dazu. Die Kinder können ihm Leckerlis geben, Tricks mit ihm üben oder eine Schleppfährte für ihn auslegen.

Achtung

Sicherheit zuerst

Aufgepasst, achten Sie immer auf Sicherheit im Training! Hütehunde haben eine sehr schnelle Reaktionszeit. Vorsichtshalber können Sie die Leine Ihres Hundes zunächst auch in der Hand halten. Auf diese Weise umgehen Sie die Gefahr, dass die Leine unter Ihrem Fuß hindurchrutscht oder Sie die Leine nicht rechtzeitig erreichen.

Ablenkung als Belohnung

Möchte Ihr Hund gerne stundenlang andere Tierarten beobachten? Ist er dabei sehr tief in Gedanken, sodass er das Geschehen um ihn herum ausblendet?

Die Chance nutzen

Steigert Ihr Vierbeiner sich hin und wieder in die Situation hinein und lässt seiner Erregung mit lautstarkem Gebell und dem Springen in der Leine freien Lauf?

Für Hüte- und Treibhunde kann Vieh, egal, ob z. B. Schafe, Kühe oder Enten, eine der schönsten Ablenkungen sein. Aber auch andere Hunderassen habe teilweise sehr großes Interesse an anderen Tierarten, etwa Katzen.

Der Blick zum Schaf – für viele Hütehunde eine sehr große Belohnung.

Ablenkung ist nicht nur negativ. Warum nicht die Chance nutzen und die Ablenkung zum eigenen Vorteil verwenden? Jegliche Umstände, die dazu führen, dass Ihr Hund abgelenkt ist, sind für ihn sehr wichtig. Betrachtet er grasende Schafe, dann hat das für ihn einen Sinn. Da Hunde nur für sie lohnendes Verhalten zeigen, folgt, dass das Beobachten von Schafen eine Belohnung ist. Kein Wunder, denn Beobachten bzw. Fixieren gehören zum Hüte- und Jagdverhalten und sind immer selbstbelohnend. Entsprechend der Überlegung, wann Hunde Verhalten wiederholt zeigen, ist jede ablenkende Situation eine Belohnung!

Das Ziel

Sie können Ablenkung als Belohnung einsetzen. So haben Sie eine Belohnung, die nicht aus Futter besteht und in dieser Situation die beste für Ihren Hund ist.

Schritt für Schritt

1. Sie üben mit Ihrem Hund Fußarbeit entlang einer Weide. Er ist von den Schafen auf der Weide allerdings stark abgelenkt.
2. Stellen Sie sich mit Ihrem Hund so auf den Weg, dass er nicht zu der Weide blicken kann. Üben Sie zunächst, dass er Sie anschaut: Blickt er etwas in Ihre Richtung, darf er zu den Schafen schauen. Nach spätestens 10 Sekunden drehen Sie Ihren Hund wieder zu sich.
3. Wiederholen Sie Schritt 2 und fordern Sie mit jeder Übungsrunde von Ihrem Hund, bis er es schließlich schafft, Sie einige Sekunden anzuschauen, bevor er Schafe gucken darf.
4. Warten Sie bis Ihr Hund Sie anschaut und gehen Sie einen Schritt. Blickt Ihr Hund immer noch in Ihre Richtung? Perfekt! Als Belohnung darf er wieder zur Weide schauen. Üben Sie entsprechend die Fußarbeit an der Weide vorbei.
5. Üben Sie Variationen des Prinzips „Ablenkung als Belohnung", denn im Alltag können Sie es in allen möglichen Situationen anwenden. So können Sie z. B. während einer Hundebegegnung das Schnüffeln an einem Baum erlauben, falls Ihr Hund Probleme mit Artgenossen hat.

Tipp

Zeigt Ihr Hund kein Interesse an anderen Tierarten, macht der Übungsaufbau mit der Weide natürlich keinen Sinn. Überlegen Sie dann, was ihn ablenkt und bauen Sie die Übung entsprechend auf.

Service

Buchtipps

Lenz, C. und Schnepper, C.: Lernspiele für Welpen. Verlag Eugen Ulmer, Stuttgart, 2016

Jakob, A.: Hundespiele für zu Hause. Verlag Eugen Ulmer, Stuttgart, 2013

Del Amo, I.: Dogdance. Verlag Eugen Ulmer, Stuttgart, 2009

Mahnke, K.: Powerspiele für Hütehunde. Verlag Eugen Ulmer, Stuttgart, 2014

McDevitt, L.: Stressfrei über alle Hürden. Kynos Verlag, Nerdien, 2012

Sondermann, C.: Einfach schnüffeln! Nasenspiele für den Hundealltag. Verlag Eugen Ulmer, Stuttgart, 2017

Sondermann, C.: KauSpielSpaß für Hunde. Verlag Eugen Ulmer, Stuttgart, 2014

Theby, V.: Verstärker verstehen. Kynos Verlag, Nerdien, 2012

Klick im WWW

www.pfoten-college.de: Website der mobilen Hundeschule in Lindlar und Umgebung der Autorin Christiane Schnepper. Hier finden Sie Seminartermine und Informationen rund um das Thema Hund.

www.dogityourself.com: Die Website von Corinna Lenz mit Community von Hundefreunden, Schritt-für-Schritt-Anleitungen zum Selbermachen von Intelligenzspielzeugen, Leinen, Hundebetten und anderen schönen und nützlichen Dingen für Hunde.

www.spaß-mit-hund.de: Website von Christina Sondermann mit schönen Trainingsanleitungen und tollen Spielideen.

Bildquellen

Alle Fotos im Innenteil und auf dem Umschlag stammen von Heike Schmidt-Röger (www.schmidt-roeger.de).

Über die Autorin

Christiane Schnepper ist Diplom-Gymnasiallehrerin mit den Fächern Mathematik und Physik und leitet nebenbei als staatlich zertifizierte Hundeerzieherin und Verhaltensberaterin (IHK|BHV) die mobile Hundeschule Pfoten-College in und um Lindlar. Ihre Schwerpunkte sind die Erziehung von Familienhunden sowie Hundefrisbee und Tricktraining. Weiter hat sie die Ausbildung zum TOP-Trainer abgeschlossen und ist Prüfer des BHV- und DHVE- Hundeführerschein, welcher eine Alltags- und Sachkundeprüfung für das Hund-Mensch-Team darstellt. Mit ihrem Australian Cattle Dog Bounty wohnt sie in Lindlar.

Dank der Autorin:

Ich bedanke mich bei meiner Familie, insbesondere meiner Mutter, welche mich bei meinen nicht immer gesunden Hunden unterstützt und folglich dieses Buch erst möglich gemacht hat. Ich bedanke mich bei allen Frauchen und Herrchen der vierbeinigen Fotomodels und natürlich auch den Vierbeinern selbst! Ich bedanke mich bei Sonja Wissmann, die uns den Großteil der atemberaubenden Location für die Fotos zur Verfügung gestellt hat, und bei Heike Schmidt-Röger, der Fotografin und Lektorin des Buches.

Dank der Fotografin:

Mein herzlicher Dank gilt all den vier- und zweibeinigen Mitwirkenden des Fototermins, die wirklich alles gegeben haben. Es war mir eine Freude, mit euch zu arbeiten.

In diesem Buch sind die Namen von Hundezubehör und -trainingsartikeln, die zugleich eingetragene Warenzeichen sind, als solche nicht besonders kenntlich gemacht. Es kann also aus der Bezeichnung der Ware mit dem für diese eingetragenen Warenzeichen nicht geschlossen werden, dass die Bezeichnung ein freier Warenname ist.
Die Markennamen wurden nur beispielhaft aufgeführt.
Die in diesem Buch enthaltenen Empfehlungen und Angaben sind von der Autorin mit größter Sorgfalt zusammengestellt und geprüft worden. Eine Garantie für die Richtigkeit der Angaben kann jedoch nicht gegeben werden. Autorin und Verlag übernehmen keinerlei Haftung für Schäden und Unfälle. Der Leser sollte bei der Anwendung der in diesem Buch enthaltenen Empfehlungen sein persönliches Urteilsvermögen einsetzen.

Bibliografische Information der Deutschen Nationalbibliothek
Die Deutsche Nationalbibliothek verzeichnet diese Publikation in der Deutschen Nationalbibliografie; detaillierte bibliografische Daten sind im Internet über http://dnb.d-nb.de abrufbar.

Hinweis: Der Verlag Eugen Ulmer ist nicht verantwortlich für die Inhalte der im Buch genannten Websites.

Wollgrasweg 41,
70599 Stuttgart (Hohenheim)
E-Mail: info@ulmer.de
Internet: www.ulmer.de

Lektorat: Heike Schmidt-Röger, Bettina Brinkmann
Herstellung: Ulla Stammel
Umschlagentwurf, Innenlayout und Satz: Atelier Reichert, Stuttgart
Reproduktionen: Timeray, Jettingen
Druck und Bindung: Westermann Druck, Zwickau
Printed in Germany

ISBN 978-3-8001-0879-4